제 3 판

MECHANICS OF MATERIALS

기초 재료역학

이 시 중 저

B.C Info

머리말
PREFACE

재 료역학은 하중을 받고 있는 구조물의 거동을 분석하기 위해 필요한 내용으로 구성되어 있다. 실생활에서 접하는 다양한 구조물이나 구조부품을 안전하고 효율적으로 설계하기 위해서 기본적으로 꼭 필요한 내용이 재료역학이다. 재료역학을 공부하기 위해서는 수학적 지식과 정역학적 지식이 전제되어야 보다 체계적으로 학습할 수 있다. 그러나 본서는 기본지식이 다소 부족하더라도 단기간에 재료역학의 기본적 내용을 개념적으로 습득할 수 있도록 구성하려 노력하였다.

초반부에는 정역학의 기본적 내용을 소개하여 간단한 형태의 구조물에서의 하중의 흐름을 살펴보면서 개념을 깨달아 갈 수 있도록 하였고 중반부 이후에 재료역학의 전반적 내용을 가능한 간단히 서술하려 노력하였다.

구조부재를 설계하기 위해서는 구조부재가 감당해야 하는 하중의 크기를 먼저 알아야 하는데 이를 위해서 자유물체도를 구성하고 힘의 평형조건을 적용하는 과정은 무엇보다 중요하고 기본이 되는 내용이므로 본서 전반에 걸쳐 반복적으로 서술하여 기본개념이 잘 습득될 수 있도록 하였다.

구조부재가 감당하는 하중의 종류에 따른 구조물의 거동을 이해하는 능력을 키워나가야 한다. 이러한 능력은 다양한 문제를 경험하면서 자연스레 습득할 수 있는데, 본서의 기본적 내용을 습득한 후 실생활에서 접하는 구조물에 적용해 보면서 구조부재에 발생하는 하중의 종류와 크기, 변형 형태를 예측하고 확인하려는 자세가 필요하다. 구조물을 구성하는 부재들은 만들어진 형태와 외력에 따라 감당하는 하중의 형태가 결정되어지므로 감당해야 할 하중의 성격에 적합하도록 구조물이 설계되어져야 한다. 독자들이 본서에 소개된 기본적 내용을 충분히 이해하고 현실에 대한 적용력을 향상시키면서 능력 있는 엔지니어로 성장하여 효율적인 구조 설계와 적합한 해석을 수행하는데 작은 보탬이 되기를 바란다.

본 개정판에서는 여러 가지로 부족한 본 도서를 활용하는 일부 독자로부터 연습문제 풀이에 대한 요청을 받고, 독자의 이해를 돕기 위해 연습문제 풀이 과정과 소량의 본문이 추가되었다.

끝으로 부족하거나 잘못된 내용에 대한 독자들의 지도 편달을 바라며, 추후 수정, 보완할 것을 약속하고, 본 도서가 출판될 수 있도록 협조해주신 복두출판사 여러분에게 지면을 빌어 깊은 감사의 뜻을 전한다.

저자

차례
CONTENTS

CHAPTER 01

기초지식

1.1 서론

역학이란 물체가 힘을 받아서 변형이 되거나 운동을 하게 될 때, 힘과 운동, 힘과 변형 사이의 상호 관계를 다루는 학문이다. 역학에서 대상으로 하는 물체는 크게 강체(rigid body)와 변형체(deformable body)로 먼저 분류할 수 있다. 강체란 힘을 받더라도 물체 내의 상대 위치의 변화가 전혀 없는 상태, 즉 변형이 전혀 생기지 않는 물체를 말한다. 변형체는 고체 상태의 물체와, 액체나 기체 상태로 존재하는 유체(fluid)로 구분할 수 있다.

역학은 다루고자 하는 대상에 따라 강체 역학, 변형체 역학 그리고 유체 역학으로 나누어 생각할 수 있는데 본서에서는 강체와 변형체를 대상으로 한다. 강체 역학은 흔히 공업역학이라 불리는 것으로, 정지하고 있는 상태의 물체에 작용하는 힘들의 상호 관계를 취급하는 정역학(statics)과 운동하는 물체의 힘과 가속 운동 사이의 관계를 알아보는 동역학(dynamics)으로 분류할 수 있다. 강체 역학에서는 물체가 힘을 받더라도 물체의 외형이 전혀 변화하지 않는다고 가정한다. 굳이 물체의 변형을 고려하지 않더라도 얻어지는 결과에 차이가 없기 때문에 편의상 변형이 없다고 가정하는 것이다. 그러나 실존하는 모든 물체는 힘을 받게 되면 아주 미소할지라도 변형이 발생하게 된다. 보통 재료 역학이라 지칭되는 변형체 역학은 물체에 작용하는 힘과 그에 따른 변형 사이의 관계를 다루는 학문으로 물체의 강도와 강성을 고려하여 부재가 충분히 하중을 지탱할 수 있는지를 판별하고 아울러 물체의 변형 형태와 그 크기를 구하는 역학의 한 분야이다. 강도는 재료가 파손되지 않고 견딜 수 있는 힘의 크기와 관계된 물리량이고, 강성은 힘을 받는 부재에 발생한 변형량의 크기를 결정짓는 물리량이다.

구조물의 안전성을 확보하기 위해서는 구조물에 힘이 부가되었을 때 부재 내부에 발생하는 힘의 크기를 구하고 해당 부재가 이 힘을 잘 견딜 수 있는가를 판별하는 것이다. 아울러 힘에 따른 변형이 어느 정도 발생하고 구조물의 기능과 역할을 수행하는데 지장이 없는가를 계산을 통해 판별하게 되는데 이러한 일들을 하기 위해 가장 기본적으로 필요한 지식이 재료역학이다.

재료역학을 공부하는 데 있어서는 먼저 이론적 개념을 바르게 이해하는 것이 중요하고, 이렇게 습득한 지식을 실제 구조물에 적용하여 구조물의 거동을 예상하고 실제 거동과 얼마나 잘 일치하는가를 비교하고 분석하면서 구조해석에 대한 감각을 키워나가는 것이 중요하다. 이론적 개념을 깊이 있게 이해하기 위해서는 수학적 지식과 물리적 지식을 기반으로 하여 각종 공식의 유도 과정을 꼼꼼히 살피며 그 이유를 깨닫고 다양한 문제를 푸는 과정이 필수적이다. 이러한 과정에는 많은 시간과 노력이 필요한데 본서에서는 주어진 시간이 짧고 역학적 지식을 습득하기에 필요한 수학과 과학의 기반 지식이 부족하더라도 구조물의 기본 거동을 쉽게 이해할 수 있도록 구성하였다. 전반부에서는 구조역학을 이해하기 위해 꼭 필요한 정역학의 기본 내용을 서술하였고, 재료역학 전반에 걸친 내용을 모두 서술하기 보다는 구조물의 기초 거동을 이해하는데 필수적인 내용을 위주로 서술하였다.

1.2 단위계

기본 단위로 길이(m), 질량(kg), 시간(sec)을 사용하는 국제표준단위(SI units)와 길이(ft), 힘(lb), 시간(sec)을 기본단위로 사용하는 영미단위계가 있다. 국제표준단위에서 힘은 $F = ma$ 의 관계로부터 유도되는 양으로 질량이 1 kg인 물체가 가속도 1 m/sec² 을 내는데 필요한 힘을 1N이라 표시한다.

$$1\,N = 1\,kg \times 1\,m/\sec^2$$

질량 1kg인 물체의 무게를 나타낼 때는 중력 가속도 $g = 9.81 \text{m/sec}^2$ 를 적용하면 9.81N이 된다.

$$W(1\,kg) = 1\,kg \times 9.81\,m/\sec^2 = 9.81\,N$$

영미단위계에서는 질량의 단위로 slug를 사용하는데 이는 $m = F/a$ 로부터 유도된다. 1 slug 란 1 lb의 힘을 받아서 1 ft/sec²으로 가속되는 물체의 질량을 말한다.

$$1\,\text{slug} = \frac{1\,\text{lb}}{1\,\text{ft}/\sec^2} = 1\,\text{lb} \cdot \sec^2/\text{ft}$$

파운드 단위로 무게를 측정한 후 중력가속도 $g = 32.2 \text{ ft/sec}^2$ 를 사용하여 질량은 다음 관계로 부터 구할 수 있다.

$$m = \frac{W}{g}$$

$$1\,\text{slug} = \frac{32.2\,\text{lb}}{32.2\,\text{ft}/\sec^2}$$

따라서 1 slug의 질량은 무게가 32.2 lb인 물체의 질량이 된다. 참고로 두 단위계의 기본 물리량과 단위를 표 1-1에 표시하였다.

표 1-1 단위계

단위계	길이	시간	질량	힘
국제단위계 (SI 단위)	meter (m)	second (s)	kilogram (kg)	newton (N)
영미단위계 (FPS 단위)	foot (ft)	second (s)	slug (lb · s²/ft)	pound (lb)

현재 국내의 경우 여러 단위체계가 혼합되어 사용되고 있으므로 엔지니어는 단위계 간의
환산에 익숙할 필요가 있다. 표 1-2에 FPS 단위계와 SI 단위계의 기본 물리량에 대한 환산계수
를 표시하였다.

표 1-2 환산계수

물리량	FPS 단위	SI 단위
힘	lb	4.448 N
질량	slug	14.5938 kg
길이	ft (1 ft = 12 in)	0.3048 m

예제 1-1 15kg을 slug로 환산하여라.

풀이) $15\,\text{kg} = 15 \cdot (1\,\text{kg}) = 15 \cdot \left(\dfrac{1}{14.5938}\,\text{slug}\right) = 1.028\,\text{slug}$ ∎

예제 1-2 $10\,\text{N}\cdot\text{m}$를 $\text{ft}\cdot\text{lb}$로 환산하여라.

풀이) $10\,\text{N}\cdot\text{m} = 10 \cdot (1\,\text{N}) \cdot (1\,\text{m})$

$= 10 \cdot \left(\dfrac{1}{4.448}\,\text{lb}\right) \cdot \left(\dfrac{1}{0.3048}\,\text{ft}\right) = 7.376\,\text{ft}\cdot\text{lb}$ ∎

예제 1-3 250 in/s를 m/s로 환산하라.

풀이) $250\,\text{in/sec} = 250 \cdot \dfrac{(1\,\text{in})}{(1\,\text{sec})} = 250 \cdot \dfrac{\left(\dfrac{1}{12}\,\text{ft}\right)}{(1\,\text{sec})}$

$= 250 \cdot \dfrac{1}{12} \cdot \dfrac{(1\,\text{ft})}{(1\,\text{sec})} = 250 \cdot \dfrac{1}{12} \cdot \dfrac{(0.3048\,\text{m})}{(1\,\text{sec})}$

$= 6.35\,\text{m/sec}$ ∎

1.3 힘

　힘은 크기 뿐만 아니라 방향도 함께 고려해야 하는 물리량으로 그림 1-1과 같이 화살표의 길이로 크기를 나타내며 방향은 기준 축과 작용선이 이루는 각으로 표시한다. 그림에서 작용점은 힘의 시작점 A를 의미한다. 도식적으로 힘을 다루는 경우는 화살표의 길이와 방향이 중요하지만 힘의 크기를 수치로 나타내는 경우는 화살표의 길이에 별 의미를 두지 않는다.

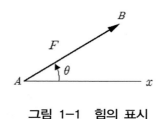

그림 1-1　힘의 표시

　힘을 문자로 표시할 때는 문자 위에 화살표를 붙여서 $\vec{A}$, $\vec{B}$, $\vec{F}$ 와 같이 표시하거나 굵은 활자체 A, B, F 등으로 나타낸다. 힘의 크기는 $|\vec{A}|$, $|\vec{B}|$, $|\vec{F}|$ 등과 같이 표시하거나 간단하게 가는 활자 A, B, F 등으로 표현하기도 한다.

1.4 힘의 합력

　두 힘 P와 Q를 더하고자 할 때는 그림 1-2와 같이 두 힘의 시작점이 일치하도록 이동한 후 만들어지는 평행사변형의 대각선을 두 힘의 합력으로 취하는 평행사변형 법칙을 적용하여 도식적으로 구할 수 있다. 합력의 크기는 평행사변형의 대각선의 길이와 같다.
　때로는 삼각형을 이용하는 방법도 있는데, 그림과 같이 한 힘의 끝점에 더하고자 하는 힘의 시작점을 일치시키고 처음 힘의 시작점과 나중 힘의 끝점을 연결하여 얻어지는 힘을 합력으로 취하는 방법도 있는데 근본적으로 평행사변형법과 같음을 알 수 있다.

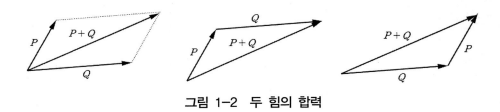

그림 1-2 두 힘의 합력

합력의 크기와 방향은 피타고라스 정리를 적용하여 다음 식으로부터 구할 수 있다.

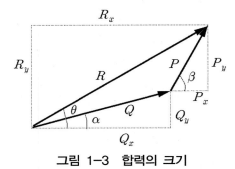

그림 1-3 합력의 크기

$$R_x = Q_x + P_x = Q\cos\alpha + P\cos\beta \tag{1-1}$$

$$R_y = Q_y + P_y = Q\sin\alpha + P\sin\beta \tag{1-2}$$

$$R = \sqrt{R_x^2 + R_y^2} = \sqrt{(Q\cos\alpha + P\cos\beta)^2 + (Q\sin\alpha + P\sin\beta)^2} \tag{1-3}$$

$$\theta = \tan^{-1}\frac{R_y}{R_x} = \tan^{-1}\frac{Q\sin\alpha + P\sin\beta}{Q\cos\alpha + P\cos\beta} \tag{1-4}$$

세 개 이상의 힘을 더하고자 할 때에는 다각형법을 사용할 수 있다. 삼각형법과 같이 이전 힘의 끝점과 더하고자 하는 힘의 시작점을 일치시키는 작업을 순차적으로 반복하여 최종 힘까지 모두 더한 후 처음 힘의 시점과 끝 힘의 종점을 연결함으로서 결과를 얻을 수 있다. 그림 1-4처럼 3개의 힘을 더한 합력의 결과를 알 수 있다.

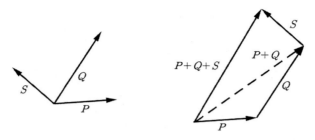

그림 1-4 세 힘의 합력

그림 1-5와 같이 4 개의 힘을 더하는 경우 F_1과 F_2의 합력 $\overrightarrow{OA_2}$를 삼각형법으로 얻고 $\overrightarrow{OA_2}$에 F_3를 더하여 $\overrightarrow{OA_3}$를 구하고 마찬가지 방법으로 최종 합력인 $R = \overrightarrow{OA_4}$를 얻는다.

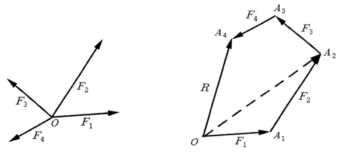

그림 1-5 여러 힘의 합력

예제 1-4 그림에 나타낸 120 N의 힘과 100 N의 힘을 더한 결과를 1) 평행사변형 방법으로 2) 삼각형 방법으로 구하시오.

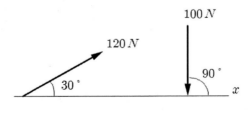

그림 1-6 두 힘의 합력(예제)

풀이)

1) 평행사변형 방법

그림 1-7과 같이 두 힘의 시작점을 일치시켜서 구한 평행사변형의 대각선이 구하고자 하는 합력이 된다. 합력의 크기와 방향은 다음과 같이 구할 수 있다.

$$R = \sqrt{(120\cos 30)^2 + (120\sin 30 - 100)^2} = 111\ N$$

$$\theta = \tan^{-1}\left(\frac{120\sin 30 - 100}{120\cos 30}\right) = -21\degree \quad (CW)$$

합력의 크기는 111N이고 방향은 시계방향(clockwise, CW)으로 21° 회전한 방향임을 알 수 있다.

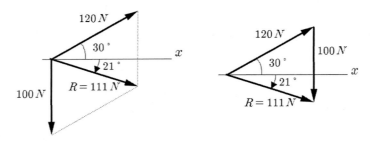

그림 1-7 두 힘의 합력(예제)

2) 삼각형 방법

그림처럼 두 힘으로 만들어지는 삼각형에서 처음 힘의 시작점과 더하는 힘의 끝점을 연결하여 구한 것이 합력이 된다. 이 삼각형은 평행사변형에서 대각선의 한 쪽 부분에 해당한다. 크기와 방향은 평행사변형 방법과 같이 구한다. ∎

예제 1-5 무게 250 lb의 물체를 두 줄로 들어 올리려 한다. 그림처럼 줄의 각도가 각각 35°, θ일 때 장력 T_1, T_2를 구하라. 1) $\theta = 40\degree$일 때의 장력은? 2) T_2가 최소가 되기 위한 θ값은? 이때 T_2의 크기는 얼마인가?

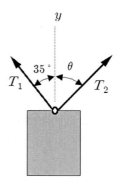

그림 1-8 두 힘의 합력(예제)

풀이)

1) $\theta = 40\degree$일 때

T_1, T_2의 합력이 물체의 무게와 같아야 하므로 그림 1-9처럼 T_1, T_2, 두 개의 합력을 구하였을 때 결과력이 수직 상향으로 250 lb의 크기를 가져야 한다.

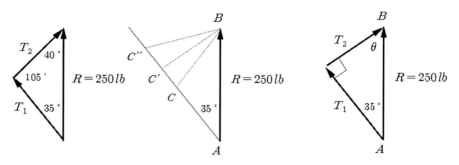

그림 1-9 두 힘의 합력(예제)

삼각형의 각 변의 관계 중 사인법칙을 적용하면 다음과 같다.

$$\frac{T_1}{\sin 40} = \frac{T_2}{\sin 35} = \frac{250}{\sin 105}$$

$$T_1 = 166\,lb, \quad T_2 = 148\,lb$$

2) T_2가 최소가 되기 위한 각도 θ

그림 1-9처럼 T_1에 T_2를 더한 결과가 합력 R이 되어야 하는데 T_1의 크기에 따라 T_2의 방향과 크기가 함께 변함을 알 수 있다. T_2의 크기와 방향이 그림에서 점선으로 나타나 있는데 T_2가 최소의 크기를 가질 때는 T_1과 T_2가 수직 상태가 되어야 함을 알 수 있다.

$$\theta = 90 - 35 = 55\,°$$

따라서 T_1과 T_2의 크기는 다음과 같다.

$$T_1 = R\cos 35 = 250\cos 35 = 205\,lb$$

$$T_2 = R\sin 35 = 250\sin 35 = 143\,lb$$　　■

1.5 ▏ 힘의 분력

평행사변형 법칙이나 삼각형 법칙을 이용하면 하나의 힘을 원하는 방향 성분을 갖는 두 개의 힘으로 분해할 수 있다. 그림 1-10과 같이 F를 F_1, F_2 나 $F_1{}'$, $F_2{}'$ 또는 $F_1{}''$, $F_2{}''$ 로 분해할 수 있다.

$$F = F_1 + F_2$$

$$F = F_1{}' + F_2{}'$$

$$F = F_1{}'' + F_2{}''$$

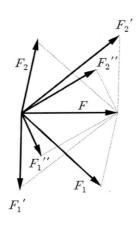
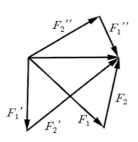

그림 1-10 힘의 분력

예제 1-6 그림과 같이 경사면에 100 lb 무게의 물체가 놓여 있을 때 물체의 무게를 접선분력과 수직분력으로 나누어라.

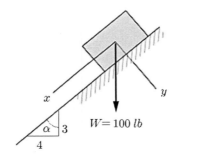
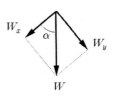

그림 1-11 힘의 분력(예제)

풀이)

그림처럼 무게를 W_x, W_y 로 분해할 수 있다. 그림처럼 W 와 x 축 사이의 각도를 α 라 하면

$$W_x = W\cos\alpha = 100 \cdot \frac{3}{5} = 60\,lb$$

$$W_y = W\sin\alpha = 100 \cdot \frac{4}{5} = 80\,lb$$

예제 1-7 그림과 같이 수직으로 세워진 부재가 두 줄이 당긴 상태로 고정되어 있다. 줄의 장력이 $T = 500\,kg$일 때 T_x, T_y 를 구하시오.

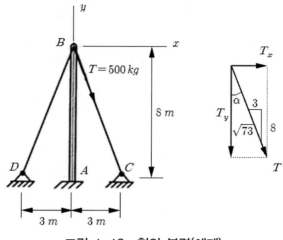

그림 1-12 힘의 분력(예제)

풀이)

그림과 같이 케이블의 장력을 x 성분과 y 성분으로 분리하여 생각한다.

△ABC에서 대각선 BC의 길이는

$$\overline{BC} = \sqrt{3^2 + 8^2} = \sqrt{73}$$

케이블의 장력 중 x, y성분은

$$T_x = T\sin\alpha = 500 \times \frac{3}{\sqrt{73}} = 176\,kg$$

$$T_y = -T\cos\alpha = -500 \times \frac{8}{\sqrt{73}} = -468\,kg$$

여기서 (-) 부호의 의미는 분력의 방향이 문제에서 주어진 축의 (-) 방향으로 향하고 있음을 뜻한다. ■

1.6 모멘트

모멘트라는 물리량은 물체를 회전시키는 능력을 말하며 힘으로 인해 발생한다. 모멘트 크기를 구할 때는 기준점이 먼저 정해져야 하는데, 모멘트 크기는 힘의 크기에 기준점으로부터 힘의 작용선까지의 수직거리를 곱한 양으로 다음과 같이 구한다.

$$모멘트 = (힘의 크기) \times (기준점에서 힘의 작용선까지의 수직거리)$$

그림 1-13과 같이 힘 F로 인해 O점에 발생하는 모멘트는 다음과 같이 구할 수 있다.

$$M = F \cdot d = FR\sin\theta \quad (CCW) \tag{1-5}$$

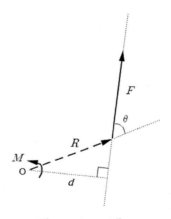

그림 1-13 모멘트

식에서 CCW는 반시계방향(counter clockwise)을 말하는데 모멘트의 회전방향이 반시계방향임을 의미한다. 즉, 힘 F는 기준점 O점에 대해 반시계방향으로 회전시키는 모멘트 $M = Fd$를 발생시킴을 알 수 있다.

그림 1-14에서 보는 것처럼 힘의 작용점이 동일한 작용선 상에서 이동한 경우에 발생한 모멘트의 크기는 다음과 같다.

$$M' = FR'\sin\theta' = Fd$$

힘의 작용점이 이동하더라도 기준점에서의 수직거리는 변화가 없으므로 모멘트의 변화는 없다는 것을 알 수 있다.

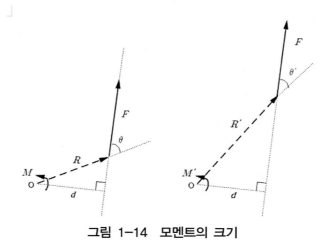

그림 1-14 모멘트의 크기

모멘트를 구하는데 있어 바리그논(Varignon)의 정리라는 것이 있는데, 이는 임의의 두 개의 힘을 더한 합력을 결과력이라 할 때, 어떤 기준점에 대한 두 개 힘의 모멘트를 합한 것은 해당 기준점에 대한 결과력의 모멘트와 같다는 것이다.

두 힘 P, Q의 합력을 R이라 할 때 다음 그림 1-15를 사용하여 증명할 수 있다.

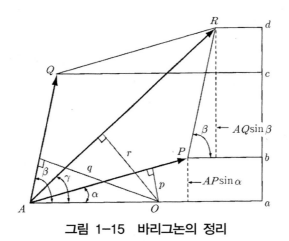

그림 1-15 바리그논의 정리

$$\sin \gamma = \frac{r}{AO}, \quad \sin \alpha = \frac{p}{AO}, \quad \sin \beta = \frac{q}{AO}$$

$$\overline{ad} = \overline{ab} + \overline{bd}$$

$$\overline{AR} \sin \gamma = \overline{AP} \sin \alpha + \overline{AQ} \sin \beta$$

$$\overline{AR} \cdot \frac{r}{\overline{AO}} = \overline{AP} \cdot \frac{p}{\overline{AO}} + \overline{AQ} \cdot \frac{q}{\overline{AO}}$$

$$\overline{AR} \cdot r = \overline{AP} \cdot p + \overline{AQ} \cdot q \tag{1-6}$$

위 식의 좌변은 합력 R로 발생하는 모멘트, 우변의 첫째 항은 힘 P에 의한 모멘트, 둘째 항은 힘 Q에 의한 모멘트를 의미한다. 따라서 합력으로 인해 발생하는 O 점에 대한 모멘트는 두 개의 분력에 의한 모멘트의 합과 같다.

예제 1-8 20 N의 힘에 의해 발생하는 O점에 대한 모멘트를 1) 정의에 따른 직접 계산 방법으로, 2) 바리그논의 정리를 사용하여 구하라

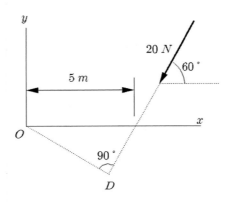

그림 1-16 모멘트 계산(예제)

풀이)

1) 직접 계산 방법
모멘트는 기준점에서 힘의 작용선까지의 수직거리에 힘의 크기를 곱한 값이므로 문제의 경우 다음과 같이 구할 수 있다.

$$M_O = 20 \times \overline{OD} = 20 \times 5\sin 60 = 86.6 \, Nm \, (CW)$$

2) 바리그논의 정리 사용
먼저 힘을 그림 1-17에 나타낸 것처럼 x축상으로 이동하여 수평성분과 수직성분으로 분리하여 그 크기를 구하기로 한다.
수평성분 힘의 크기는 -10N, 수직성분의 크기는 -17.3N이 된다.
바리그논의 정리를 이용하면

$$M_O = 10 \times 0 + 17.3 \times 5 = 86.5 \, Nm \, (CW)$$

기준점에서 힘의 작용선까지의 거리를 구하는 것이 번거로울 때는 힘을 수평성분과 수직성분으로 분리하여 각각의 모멘트를 합산하여 구할 수 있으며 이러한 방법이 문제를 푸는데 유리한 경우가 많다.

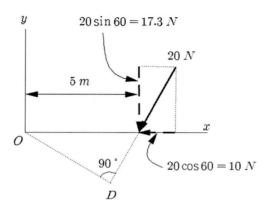

그림 1-17   모멘트 계산(예제)

예제 1-9 브라켓에 200 N의 힘이 작용할 때 A점에 발생하는 모멘트를 구하라

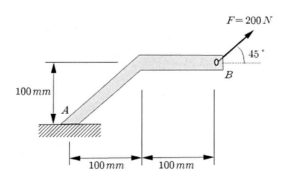

그림 1-18   모멘트 계산(예제)

풀이)
앞의 예제와 같이 두 가지 방법으로 모멘트를 구하기로 한다.

1) 직접 계산 방법
점 A에서 힘의 작용선까지의 거리 d를 구하면, $d = 100 \sin 45 = 70.7\, mm$이므로 모멘트는

$$M_A = d \times F = 70.7 \times 200 = 14,140 \ Nmm \ (CCW)$$

여기서 (CCW)는 counter-clockwise의 약어로 모멘트의 회전방향이 반시계방향임을 뜻한다.

2) 바리그논의 정리 사용

먼저 힘을 그림 1-19에 나타낸 것처럼 수평성분과 수직성분으로 분리하여 그 크기를 구하면
$200 \times \sin 45 = 141.4 \ N$이므로 바리그논의 정리를 이용하면

$$M_A = 141.4 \times 200 - 141.4 \times 100 = 14,140 \ Nmm \ (CCW) \qquad \blacksquare$$

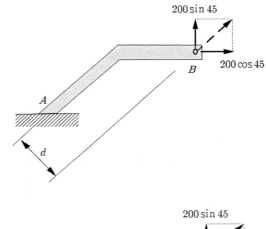

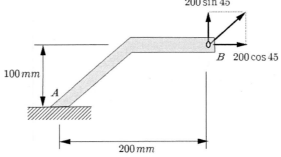

그림 1-19 모멘트 계산(예제)

  그림 1-20과 같이 힘의 크기가 같고 방향이 반대이면서 힘의 작용선이 서로 다른 두 힘을
우력 또는 짝힘(couple)이라 한다.

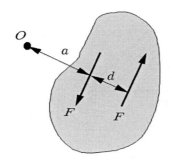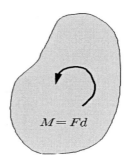

그림 1-20 우력에 의한 모멘트

우력의 합력은 크기가 '0'이고 회전력인 모멘트만 발생시키는 효과가 있다. 우력에 의한 모멘트의 크기는 그림에서 O점을 기준으로 다음과 같다.

$$M_O = -aF + (a+d)F = Fd \quad (CCW)\tag{1-7}$$

강체에 우력이 작용하는 경우 강체는 우력에 의한 모멘트만 받게 되므로 그림에서 우력이 작용하는 강체나 우력에 해당하는 모멘트만 작용하는 강체나 동일한 효과를 주게 된다.

1.7 구조물과 힘

그림 1-21과 같이 구조물의 일부 지점은 지지가 되고 일부분에서는 외부로부터 힘을 받는 경우를 생각할 때, 그림의 C, D 점에서와 같이 외부에서 가해지는 힘을 외력(external load), A, B와 같이 지점이 일부 방향으로 움직이지 못하도록 구속되어 있어 지지점에서 발생하는 힘을 반력 또는 지지력이라 말하는데, 이 또한 외력에 속한다. 그림과 같이 특정 위치에 하중이 집중되어 작용하는 힘을 집중하중이라 한다. C, D 점에서의 외력은 부재 AC, AD를 통해 전달되어 일부는 A점에서 지지가 되고, 부재 BC, BD를 통해 B점에서 나머지 힘이 지지되는 형태가 된다. 이때, 개개의 부재를 통해 전달되는 힘을 부재의 내력(internal load)이라 말한다.

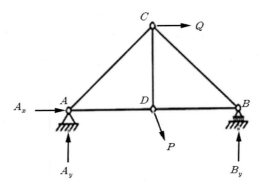

그림 1-21 구조물과 힘

　구조물을 설계하기 위해서는 구조물을 사용하는 동안 예상되는 외력의 크기를 구하고, 그에 따른 구조부재의 내력을 구해야 한다. 구조물의 안전을 확보하기 위해서는 모든 구조부재에 발생하는 내력을 부재가 감당해야 하는 것은 물론이며, 내력을 효과적으로 감당할 수 있도록 부재의 형상을 결정하는 것이 구조설계의 핵심이 된다.

　힘의 합성과 분해와 같은 연산을 할 때, 힘을 작용선 상에서 이동시키는 경우가 있는데, 이때 다음과 같은 특성이 있으며 이를 힘의 전달성에 대한 원리(principle of transmissibility)라 한다.

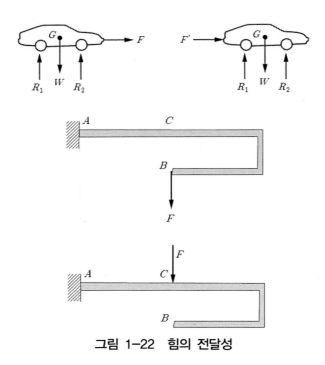

그림 1-22 힘의 전달성

1) 강체에 작용하고 있는 힘의 작용점을 작용선을 따라 아무 위치로 이동시켜도 강체의 운동에는 변화가 없고 힘의 평형 조건에도 영향을 미치지 못한다. 즉, 그림 1-22에 보인 것처럼 무게가 W인 자동차를 앞에서 끄는 경우나 동일한 힘을 뒤에서 앞으로 미는 경우 모두 자동차의 운동상태나 지면에서의 지지력에는 아무 차이가 없다. 또한 그림과 같이 일단이 고정된 보에 F라는 힘이 작용하는 위치가 작용선 상을 따라 변화하더라도 힘의 평형 조건에는 변화가 없으므로 지지점에서의 반력의 크기에는 변화가 없다.

2) 단, 강체라 할지라도 물체의 내력(內力, internal force)에는 영향을 미칠 수 있다. 그림과 같이 자동차를 앞에서 끄는 경우에는 전후 방향의 자동차 내부 구조물이 외부 인장력과 관성력에 의해 인장하중이 작용하는 상태에 놓이지만 뒤에서 자동차를 미는 경우에는 반대로 자동차 내부가 압축하중을 받는 상태가 된다. 또 그림과 같이 한 쪽 끝이 고정된 보의 BC 구간에 발생하는 내부하중에도 차이가 있다. 위쪽 그림의 경우 BC 구간의 부재 내부에 힘이 작용하고 있으나 아래쪽 그림의 BC 구간에서는 내부 하중이 발생하지 않는다. 다만, 이러한 차이에도 불구하고 A점에서의 반력은 변화가 없다.

3) 변형체의 경우도 강체와 마찬가지로 힘의 작용선을 따라 힘을 이동시키면 내력의 변화와 함께 물체의 변형 형태가 달라질 수 있다. 변형체의 경우 때로는 반력의 크기도 변화할 수 있으므로 주의해야 한다.(5.3절 부정정 문제 참조)

4) 따라서 전달성 원리는 강체의 운동이나 힘의 평형관계를 통한 지지점에서의 반력을 계산하는 경우는 적용할 수 있으나 부재의 내력이나 변형이 관계되는 곳에는 적용할 수 없게 된다.

평행한 두 힘 A, B의 합력 R을 구하는 경우를 생각해 보기로 한다. 더하고자 하는 두 힘의 방향이 같으므로 두 힘을 더한 합력의 크기는 각각의 크기를 합한 것과 같고 합력의 작용선을 구하기 위해 그림 1-23과 같이 O점에 대한 모멘트를 생각해 보기로 한다.

합력에 의한 모멘트의 크기는

$$R = A + B$$
$$M_O = (s+a)R = sR + aR$$

두 힘에 의한 모멘트의 크기는

$$M_O' = sA + (s+a+b)B$$
$$= sA + sB + (a+b)B$$
$$= s(A+B) + (a+b)B$$
$$= sR + (a+b)B$$

바리그논의 정리에 의해 $M_O = M_O'$이므로

$$aR = (a+b)B$$

따라서 합력 R의 위치는 다음과 같이 구할 수 있다

$$\frac{B}{R} = \frac{a}{a+b} \tag{1-8}$$

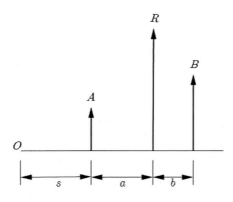

그림 1-23 평행한 두 힘의 합력

예제 1-10 보에 작용하는 세 힘의 합력의 크기와 작용선의 위치를 구하라.

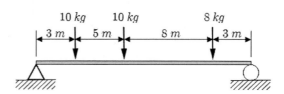

그림 1-24 평행한 힘의 합력(예제)

풀이)

그림처럼 세 힘의 합력을 R 이라 하고 왼쪽 지지점으로부터 d 만큼 떨어졌다고 가정하자.

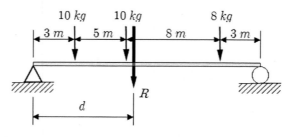

그림 1-25 평행한 힘의 합력(예제)

$$R = 10 + 10 + 8 = 28$$

바리그논의 정리, 즉 '개개의 힘에 의해 생기는 모멘트는 합력에 의한 모멘트와 같다'를 적용하자. 왼쪽 지지점을 기준으로 한 세 힘의 모멘트의 합과 합력에 의한 모멘트를 같다고 하면

$$\sum M = 3 \cdot 10 + 8 \cdot 10 + 16 \cdot 8 = d \cdot R$$

$$d = \frac{238}{R} = 8.5 \ m$$

즉 세 힘의 합력의 크기는 28kg이고 왼쪽 지지점으로부터 8.5m 떨어진 곳에서 아래 방향으로 작용함을 알 수 있다. ■

분포하중이란 어떤 영역에 걸쳐 작용하는 힘을 말하는 것으로 2차원 평면 문제에서는 단위 길이당 하중의 크기를 의미한다. 물리량의 차원이 힘을 길이로 나눈 것이므로 단위는 보통

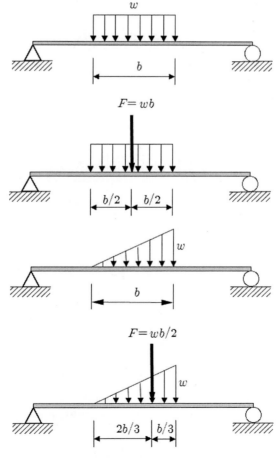

그림 1-26 분포하중의 합력(특수 형태)

lb/in, N/m 등을 사용한다. 분포하중의 형태는 그림 1-26과 같이 여러 가지가 있으며, 분포하중의 크기를 화살표의 길이로 나타내는 경우 분포하중의 합력은 분포하중 분포도의 면적과 같게 된다. 크기가 w 인 등분포 하중의 경우 합력은 크기가 wb 이며 합력의 위치가 분포하중의 중앙이고, 삼각형 형태의 분포하중의 합력은 크기가 $\frac{1}{2}wb$ 이며 합력의 작용선은 $\frac{2}{3}b$ 인 곳이 된다.

사다리꼴 형태의 분포하중은 그림 1-27과 같이 등분포하중과 삼각형 분포하중의 합으로 볼 수 있으며 일반적인 형태의 분포하중의 경우 합력의 크기와 작용선까지의 거리는 모멘트에 대한 바리그논의 정리를 적용하여 다음과 같이 구할 수 있다.

$$R = \int w\,dx = \int f(x)\,dx \qquad (1\text{-}9)$$

$$dR = \int xw\,dx = \int xf(x)\,dx$$

$$d = \frac{\int xf(x)\,dx}{R} = \frac{\int xf(x)\,dx}{\int f(x)\,dx} \qquad (1\text{-}10)$$

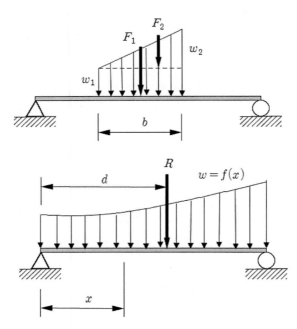

그림 1-27 분포하중의 합력(일반 형태)

1.8 :: 무게중심

물체의 총무게는 물체의 방향에 상관없이 일정한 점을 통과하여 작용하는데 이점을 무게중심(center of gravity)이라 한다. 그림 1-28과 같이 전체 무게가 W인 물체를 생각하자. 총무게는 미소무게의 합으로 구할 수 있다.

$$W = \int dW \tag{1-11}$$

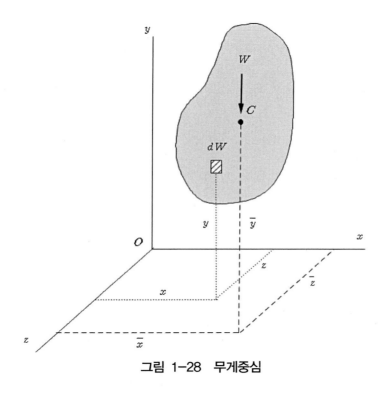

그림 1-28 무게중심

전체무게는 무게 중심 C에 작용하므로 점 O에 대한 W의 모멘트는 점 O에 대한 각 미소 질점의 무게에 의한 모멘트의 합과 같아야 한다. (바리그논의 정리) 중심의 좌표를 $(\bar{x}, \bar{y}, \bar{z})$라면

$$\bar{x}\,W = \int x\,dW$$

$$\bar{y}\,W = \int y\,dW$$

$$\overline{z}\,W = \int z\,dW$$

$$\overline{x} = \frac{\int x\,dW}{\int dW}, \quad \overline{y} = \frac{\int y\,dW}{\int dW}, \quad \overline{z} = \frac{\int z\,dW}{\int dW} \qquad (1\text{-}12)$$

예제 1-11 균일한 두께를 가지는 균질의 평판이 그림과 같이 평형상태로 매달려 있다고 할 때, 각도 θ의 크기를 구하시오. 평판의 모든 폭은 2cm이다.

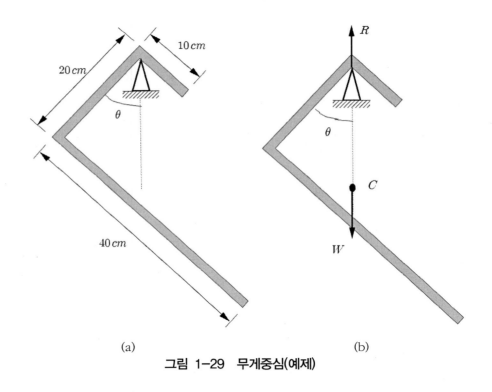

(a)   (b)

그림 1-29 무게중심(예제)

풀이)

평판에 작용하는 힘을 모두 나열하면 지지점에서 수직 상향의 힘, 평판의 중심에 작용하는 자체 무게로 인한 수직하향의 힘 이외에는 존재하지 않는다. 그림과 같이 두 개의 힘을 각각 R, W라 하면, 두 개의 힘이 평형을 이루어야 하므로 $R = W$가 된다. 또한 모멘트에 대한 평형조건으로부터 지지점을 기준으로 한 모멘트를 취하면 그 결과 역시 '0'이 되어야 하므로 두 힘은 그림처럼 동일 수직선 위에 놓여야 한다. 즉 평판의 중심 C가 지지점에서 그은 수직선 위에 위치해야 함을 알 수 있다. 또한 두께가 균일한 균질의 평판이므로 평판의 중심은

그림 1-30에 보인 평면 도형의 중심과 같다.
평판의 중심을 구하기 위해 그림 1-30과 같이 x, y 축을 취하고 중심의 위치를 $C(\overline{x}, \overline{y})$ 라
하면

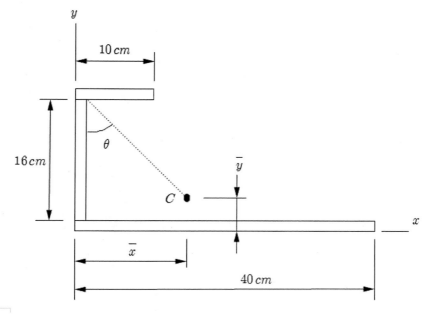

그림 1-30 무게중심(예제)

$$\overline{x} = \frac{2 \times 40 \times 20 + 2 \times 16 \times 1 + 2 \times 10 \times 5}{2 \times 40 + 2 \times 16 + 2 \times 10} = 13.1\,cm$$

$$\overline{y} = \frac{2 \times 40 \times 1 + 2 \times 16 \times 10 + 2 \times 10 \times 19}{2 \times 40 + 2 \times 16 + 2 \times 10} = 5.9\,cm$$

따라서 구하고자 하는 각도는

$$\theta = \tan^{-1}\frac{\overline{x}-2}{18-\overline{y}} = 43°$$

연습문제

문1-1 압력의 단위인 파스칼(Pa)이 $1Pa = 1N/m^2$로 정의될 때, $700N/mm^2$를 MPa로 환산하라.

문1-2 $1ksi = 1000\ lb/in^2$임을 이용하여 10 ksi를 MPa로 환산하라.

문1-3 55 lb/in를 N/m로 환산하라.

문1-4 1 mile은 5280 ft에 해당한다고 할 때 속도 80 mph(mile per hour)를 m/s로 환산하라.

문1-5 그림과 같이 링에 두 힘 P, Q가 작용한다. 그림에 보인 것과 같이 P의 크기와 방향이 결정되었다고 하고 두 힘의 합력의 크기가 45 kN이고 수직 하향이 되어야 한다. Q의 크기와 방향을 구하라.

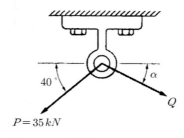

문제 1-5

문1-6 그림과 같이 바지선 A가 두 개의 배에 의해 견인되고 있다. AC에 걸리는 장력이 1 ton이라고 할 때 바지선을 x축 방향으로 끌고 가기 위해 필요한 AB 사이의 장력의 크기는 얼마로 해야 하는가?

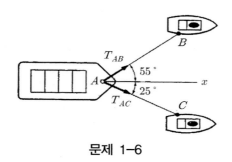

문제 1-6

문1-7 그림과 같이 무게 5 kN인 물체가 지점 A에서 매달려 있고 A지점에 장력 T가 그림과 같은 방향으로 작용하고 있다. 장력과 물체의 무게로 인한 두 힘의 합력의 방향이 직선 AB와 일치한다고 한다. 1) 만일 $\theta = 30°$ 일 때 장력 T의 크기는? 2) 장력 T가 최소가 되기 위한 각도 θ 의 크기는 얼마인가? 이때 장력의 크기는?

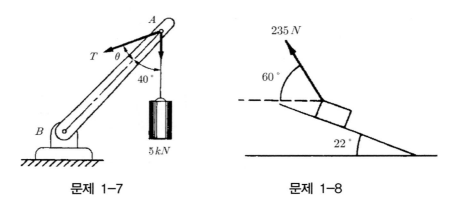

문제 1-7   문제 1-8

문1-8 22° 의 경사면에 물체가 놓여 있고 물체의 한 지점에 그림과 같이 235 N의 외력을 가한다고 할 때 외력을 두 개의 성분으로 표시하라. 1) 수평 분력과 수직 분력으로, 2) 경사면에 평행한 방향의 힘과 경사면에 수직한 방향의 힘으로 나누어라.

문1-9 항공기 날개에 발생하는 양력(L)과 항력(D)이 그림과 같다. 날개의 코드(선 AB, x 축)와 수평선이 각도 α만큼 경사져 있다. 양력과 항력을 코드방향(x 축)과 코드에 수직한 방향(y 축)의 힘으로 표시하시오.

문1-10 그림과 같이 공이 매달려 있을 때 케이블에 걸리는 장력 T 를 수직방향과 수평방향 성분의 힘으로 분해하시오.

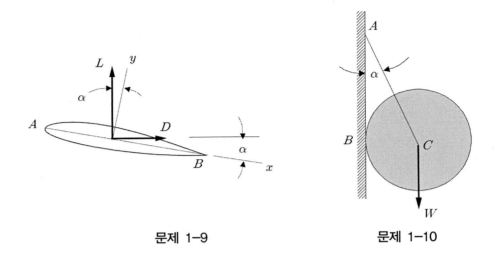

문제 1-9   문제 1-10

문1-11 ~ **문1-13** 그림과 같은 하중을 받는 구조부재의 A 지점에 발생하는 모멘트의 크기는 얼마인가?

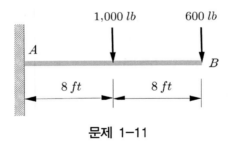

문제 1-11

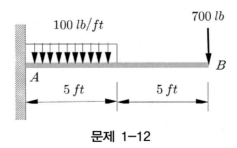

문제 1-12

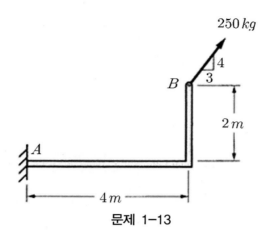

문제 1-13

문1-14 그림과 같이 수평 부재에 3개의 수직 하중이 작용한다고 할 때 세 힘의 합력의 크기와 위치를 구하라.

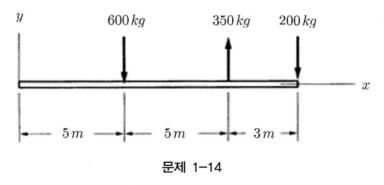

문제 1-14

문1-15 그림과 같이 보에 4개의 힘이 수직방향으로 작용하고 있다. 이들 힘의 합력의 크기와 위치를 결정하라.

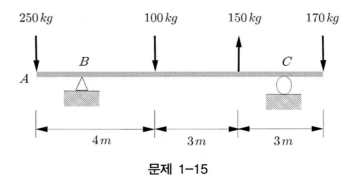

문제 1-15

문1-16 공허중량(W_e)이 1320 kg이던 항공기에 그림과 같이 5개의 무게가 추가로 탑재되었다. 공허중량에 대한 무게중심과 추가 무게의 위치가 기준선으로부터의 거리로 표와 같을 때 탑재 후 무게중심의 위치는 어디인가?

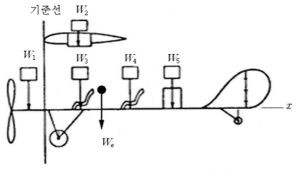

	무게(kg)	위치(m)
W_e	1320	1.80
W_1	80	-0.40
W_2	130	1.30
W_3	70	1.35
W_4	65	2.30
W_5	220	3.90

문제 1-16

문1-17 균일한 두께를 가지는 균질의 T자형 평판이 그림과 같이 평형상태로 매달려 있다고 할 때, 각도 θ의 크기를 구하시오.

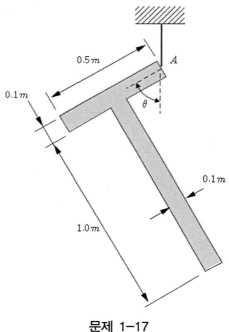

문제 1-17

CHAPTER 02

힘의 평형

2.1 힘의 평형

고전 역학은 뉴턴의 운동법칙에 뿌리를 두고 발전하였다. 뉴턴의 운동법칙은 힘을 받는 물체의 운동을 기술한 것으로 다음의 3가지 형태로 설명되어진다.

제1법칙

원래 정지되어 있거나 등속운동을 하는 물체는 불균형을 이루는 힘이 추가로 가해지지 않는 한 현재의 운동상태를 계속 유지한다.

제2법칙

물체에 가해지는 모든 힘에 대한 평형이 만족되지 않으면 즉, 불균형력이 가해지면 물체는 모든 힘의 합력이 작용하는 방향으로 힘의 크기에 비례하는 가속 운동을 하게 된다. 질량이 m인 물체가 힘 F를 받으면 크기가 a인 가속 운동을 하게 되는데 이를 수식으로 나타내면 다음과 같다.

$$F = ma$$

제1법칙은 제2법칙에서 가속도가 0이 되는 특별한 상황, 즉 물체에 작용하는 모든 힘의 합력이 0이 되는 특수한 경우라 할 수 있다. 물체에 작용하는 힘이 여러 개인 경우는 다음과 같이 표현된다.

$$\sum F = ma \tag{2-1}$$

$$\sum M = I\alpha \tag{2-2}$$

여기서 M은 모멘트를 말하며, I는 관성 모멘트(inertia moment for mass), α는 회전하는 물체의 각 가속도를 말한다. 앞의 식은 물체의 병진운동에 대한 것이고, 뒤의 것은 물체의 회전 운동에 대한 것이다.

제3법칙

두 물체(질점) 사이에 작용하는 작용력과 반작용력은 크기가 같고, 방향이 반대인 힘으로 동일한 작용선 상에 놓여 있다.

정역학에서 다루는 물체는 정지 상태의 물체, 즉, 가속도가 '0'인 상태의 물체를 주 대상으로 한다. 앞서 말한 뉴턴의 운동법칙에서 가속도가 0이므로 물체에 작용하는 모든 힘의 합이

0 이어야만 하는 중요한 조건이 성립해야 하는데 이를 정역학적 힘의 평형 조건이라 한다. 이를 수학적으로 표현한 것이 힘의 평형 방정식으로 다음과 같다.

$$\sum F = 0 \tag{2-3}$$

$$\sum M = 0 \tag{2-4}$$

이들을 직각좌표계의 성분별로 표시하면 다음과 같다.

$$\sum F_x = 0 \qquad \sum F_y = 0 \qquad \sum F_z = 0$$

$$\sum M_x = 0 \qquad \sum M_y = 0 \qquad \sum M_z = 0$$

2차원 평면 문제의 경우는 간단히 다음 세 가지 식으로 축약이 된다.

$$\sum F_x = 0 \qquad \sum F_y = 0 \qquad \sum M_z = 0 \tag{2-5}$$

세 개의 힘이 평형을 이루는 경우 즉, 3개의 힘의 합이 0이 되는 경우를 생각해보자.

$$\sum F = F_1 + F_2 + F_3 = 0$$

이를 도식적 방법으로 생각을 하면 그림 2-1과 같이 3개의 힘은 삼각형을 형성하게 되므로 삼각형의 성질을 적용할 수 있다. 사인 정리를 적용하면 다음과 같다.

$$\frac{F_1}{\sin(\pi - \alpha)} = \frac{F_2}{\sin(\pi - \beta)} = \frac{F_3}{\sin(\pi - \gamma)}$$

$$\frac{F_1}{\sin(\alpha)} = \frac{F_2}{\sin(\beta)} = \frac{F_3}{\sin(\gamma)} \tag{2-6}$$

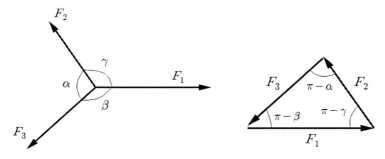

그림 2-1 라미의 정리

이를 라미의 정리(Lame's theorem)라고도 한다.

여러 개의 힘이 평형을 이루는 경우 모든 힘의 합이 0이 되므로 이를 도식적으로 힘을 더해 나갈 때 반드시 그림 2-2처럼 폐다각형이 되어야 한다.

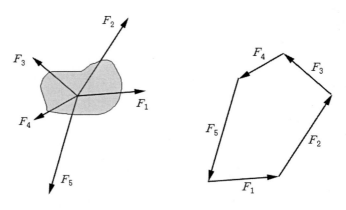

그림 2-2   여러 힘의 평형

예제 2-1 그림과 같이 세 힘이 평형 상태에 있을 때 힘 F의 크기와 방향은?

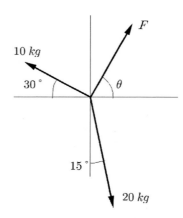

그림 2-3   세 힘의 평형(예제)

풀이)

세 힘이 평형을 이루므로 힘의 평형조건을 적용하자.

$$\sum R_x = F_x - 10\cos 30 + 20\sin 15 = 0$$

$$\sum R_y = F_y + 10\sin 30 - 20\cos 15 = 0$$

$$F_x = 3.48\ kg \qquad\qquad F_y = 14.3\ kg$$

$$F = \sqrt{{F_x}^2 + {F_y}^2} = 14.7\ kg$$

$$\theta = \tan^{-1}\frac{F_y}{F_x} = 76°$$

예제 2-2 그림과 같이 10kg의 물체가 케이블에 매달려 있을 때 수평 방향의 힘 P는 얼마인가?

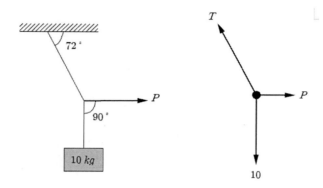

그림 2-4 세 힘의 평형(예제)

풀이)

절점에 작용하는 힘을 표시하면 그림과 같다.

라미의 정리를 적용하면

$$\frac{10}{\sin 108} = \frac{T}{\sin 90} = \frac{P}{\sin 162}$$

$$P = 10 \times \frac{\sin 162}{\sin 108} = 3.25\ kg$$

$$T = 10 \times \frac{\sin 90}{\sin 108} = 10.5\ kg$$ ∎

예제 2-3 그림과 같이 무게가 2 ton인 물체가 지면 위에 놓여 있다. 물체의 상단에서 그림처럼 수평방향으로 힘을 가하여 쓰러뜨리기 위해 필요한 힘의 크기는 얼마인가?

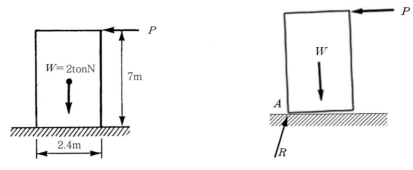

그림 2-5 세 힘의 평형(예제)

풀이)

하중 P로 인해 물체가 넘어가려는 순간이 되면 물체는 A점만이 지면에 접촉하게 되므로 A 지점에 대한 모멘트의 평형조건을 적용하여 다음과 같이 구할 수 있다.

$$M_A = 1.2W - 7P = 0$$

$$P = 343\,kg$$

2.2 자유물체도

정지해 있는 구조물의 어떤 지점이 구조물이 움직이지 않도록 구속이 되어 있을 때 이러한 점을 지지점이라 말하고 지지점에서는 성격에 따라 특정 방향의 움직임을 구속하기 위한 반력을 발생시킨다. 실제 구조물에 존재하는 지지형태는 매우 다양하지만 이를 이상화시켜 표현을 하게 되는데 그중 단순한 몇 가지 형태의 지지점을 나열하면 다음과 같다.

이동지지점(roller support) ; 그림 2-6(a)와 같이 지지면에 평행한 방향의 이동은 자유로우나 수직방향의 움직임은 구속된 형태의 지지점으로 접촉면에 수직한 방향의 반력만 발생하게 된다.

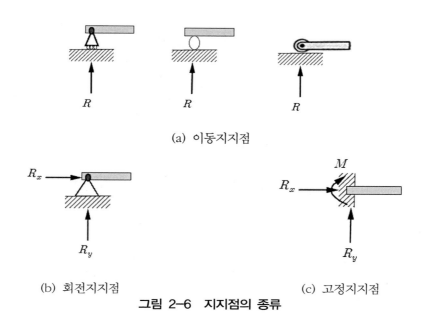

(a) 이동지지점

(b) 회전지지점　　　　　　　　(c) 고정지지점

그림 2-6　지지점의 종류

　회전 지지점(hinge support) ; 그림 2-6 (b)와 같은 형태로 회전은 자유로우나 수직 방향뿐만 아니라 수평방향의 움직임을 억제하는 지지점으로 수직방향과 수평방향의 반력을 발생시킨다.
　고정 지지점(fixed support) ; 지지점에서 부재의 이동뿐만 아니라 회전까지도 구속된 형태로 모든 방향의 힘과 회전을 억제하는 모멘트가 발생하는 지지형태를 말한다.

　정역학 문제를 해결하기 위해서는 대상 물체에 작용하는 모든 힘을 표시하고 이들의 합력이 0이 된다는 평형 조건을 적용하여 미지의 힘을 결정하게 되는데 이 과정에서 대상 물체를 그린 다음 물체에 작용하는 모든 힘을 빠뜨리지 않고 표시하는 것이 매우 중요하다. 이 때 사용하는 방법이 자유물체도를 그리는 것인데 미지력을 구하기 위해 대상 구조물의 전체 또는 일부를 분리하여 나타내고 물체에 작용하는 모든 힘을 표시한 것을 자유물체도라 한다. 역학 문제를 풀어 나가는데 있어 가장 중요한 과정으로 올바른 자유물체도를 그려야 바른 해를 구할 수 있다.
　자유물체도를 그리는 방법과 순서, 그리고 문제를 해결하는 요령을 간단히 기술하면 다음과 같다.

1) 해결하고자 하는 물체의 전체 또는 일부를 선정하고 떼어내서 간단한 그림으로 나타낸다.
2) 힘의 방향과 위치를 유의하며 외력을 표시한다
3) 지지점에서의 반력(미지력)을 방향과 위치에 유의하며 표시한다

4) 필요한 경우 자중(무게)을 표시한다

5) 힘의 상대 위치, 방향 등을 알기 쉽도록 필요한 치수를 기입한다

6) 힘에 대한 평형방정식을 수립한다

7) 평형방정식으로 구성된 연립방정식을 풀어 해(반력, 미지력)를 구한다.

예제 2-4 그림과 같은 하중을 받는 구조물의 자유물체도를 그리고 A, B에서의 반력을 구하시오.

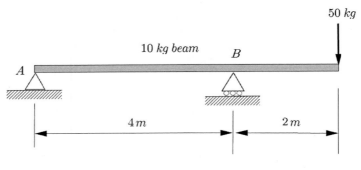

그림 2-7 보의 반력(예제)

풀이)

자유물체도를 그리기 위해 지지점에서의 반력을 먼저 나타내기로 한다. A점은 hinge로 지지되어 있으므로 그림 2-8과 같이 x, y축 방향의 반력을 표기하였고 B점은 roller 지지점이므로 y축 방향 힘만 반력으로 취하였다. beam의 자중(10kg)은 중앙에 집중되어 작용하는 것으로 가정하여 나타냈다. 마지막으로 각 힘이 작용하는 위치를 거리로 표시하였다.

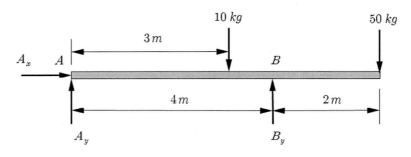

그림 2-8 보의 반력(예제)

자유물체도가 완성되었으므로 힘의 평형 조건을 적용하면 다음과 같다

$$\sum F_x = A_x = 0$$

$$\sum F_y = A_y + B_y - 10 - 50 = 0$$

$$\sum M_A = -3 \cdot 10 + 4 \cdot B_y - 6 \cdot 50 = 0$$

방정식의 해를 구하면

$$A_x = 0$$

$$B_y = 82.5 \ kg \ (up)$$

$$A_y = -22.5 \ kg \ (down)$$

■

미지력의 값이 (-)라는 것은 처음에 가정했던 미지력의 방향과 정 반대 방향으로 힘이 작용함을 의미한다. 즉, 지지점 A에서의 수직 반력이 처음에는 위로 향하는 것으로 가정하였으나 실제 반력은 아래 방향임을 의미한다. 모멘트에 대한 평형조건을 적용하는 경우 회전방향은 임의로 취할 수 있다. 본 예제의 경우 반시계 방향을 (+)로 취하였다.

예제 2-5 그림과 같이 50kg의 물체가 매달려 있을 때 줄 AB와 부재 AC의 내력(internal force)을 구하시오.

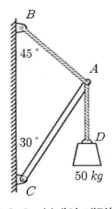

그림 2-9 부재의 내력(예제)

풀이)
A점에 작용하는 힘을 표시하면 먼저 50 kg의 물체로 인한 무게가 아래 방향으로 작용하고 케이블 AB에 발생하는 장력과 부재 AC를 통해 전달되는 힘을 그림 2-10과 같이 나타내었다. A점에 작용하는 세 힘이 평형을 이루어야 하므로 세 힘으로 이루어지는 삼각형이 그림과

같이 만들어지며 이 삼각형은 문제에서 보이는 세 절점 A, B, C로 이루어지는 삼각형과 닮은 꼴이 된다.

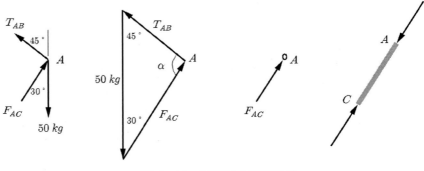

그림 2-10   부재의 내력(예제)

사인정리를 적용하면

$$\alpha = 180 - 30 - 45 = 105°$$

$$\frac{T_{AB}}{\sin 30} = \frac{F_{AC}}{\sin 45} = \frac{50}{\sin 105} = 51.8$$

$$T_{AB} = 25.9 \, kg \qquad\qquad F_{AC} = 36.7 \, kg$$

그림에 나타낸 것처럼 AC 부재로부터 A점에 주는 힘은 절점을 향하여 작용하고, 절점 A에서 부재 AC에 주는 힘은 상대적인 힘이 되므로 그림과 같이 부재 AC를 압축하는 방향으로 가하는 것이 되므로 AC 부재는 압축하중을 받는 상태에 놓이게 된다. 케이블의 경우는 인장하중을 받게 되는 것을 알 수 있다. ■

예제 2-6   자체 무게가 1000 kg인 크레인에 3000 kg의 물체가 매달려 있을 때 A, B 지점에서의 반력을 구하라.

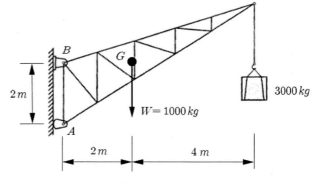

그림 2-11   크레인의 반력(예제)

풀이)

지지점 A, B에서의 반력을 표시하면 그림 2-12와 같다. 반력을 구하기 위해 힘의 평형조건을 적용하기로 한다.

$$\sum F_x = A_x + B_x = 0$$

$$\sum F_y = B_y - 1000 - 3000 = 0$$

$$\sum M_B = -2 \times 1000 - 6 \times 3000 + 2 \times A_x = 0$$

$$A_x = 10000 \, kg \qquad B_x = -10000 \, kg \qquad B_y = 4000 \, kg \qquad ■$$

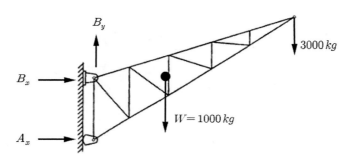

그림 2-12 크레인의 반력(예제)

예제 2-7 케이블이 도르래에 그림과 같이 감겨 있을 때 B점에 연결된 케이블의 장력과 도르래의 중심에서의 반력을 구하라.

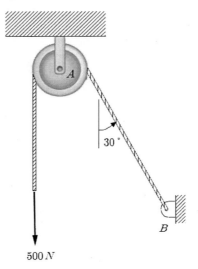

그림 2-13 도르래에 작용하는 힘(예제)

풀이)

그림 2-14에 보인 것처럼 케이블과 도르래에 대한 자유물체도를 그려서 생각을 해보기로
한다. 세 번째 자유물체도에서 도르래의 중심 A점에 대한 모멘트의 평형조건을 적용하자.
도르래의 반지름을 r이라 하면

$$\sum M = 500\,r - Tr = 0$$

$$T = 500 \; N$$

도르래의 중심에서 작용하는 힘은 모멘트를 발생시키지 않고 도르래 중심에서의 마찰을 무시
하면 도르래에 걸려있는 케이블의 장력은 동일함을 알 수 있다.

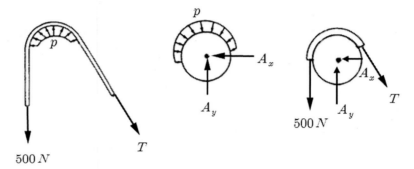

그림 2-14　도르래에 작용하는 힘(예제)

케이블만을 떼어내서 생각하면 장력과 평형을 이루는 힘은 케이블과 도르래의 접촉 표면의
압력으로 인해 발생하는 힘이 된다. 이 압력이 도르래에 작용하여 도르래의 고정점(중심)에서
도르래를 지지하는 힘이 발생하게 된다. 결국 케이블의 장력과 평형을 이루는 힘이 도르래의
중심에서 발생하게 되며 그 크기는 다음과 같이 구할 수 있다.

$$\sum F_x = T\sin 30 - A_x = 0$$

$$\sum F_y = -500 - T\cos 30 + A_y = 0$$

$$A_x = T\sin 30 = 500\sin 30 = 250 \; N \;(\leftarrow)$$

$$A_y = 500 + T\cos 30 = 933 \; N \;(\uparrow)$$　■

예제 2-8 그림과 같이 후크에 600 N의 물체가 매달렸을 때 P 는 얼마가 되어야 하는가?

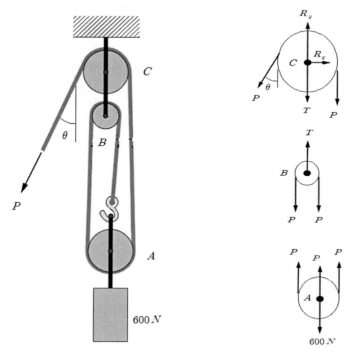

그림 2-15   도르래에 작용하는 힘(예제)

풀이)

3개의 도르래를 분리하고 케이블을 통해 도르래에 가해지는 힘을 표시하면 그림과 같다. 도르래 C에서 케이블의 장력은 왼쪽이나 오른 쪽이 같음을 유의한다.(도르래의 중심을 기준으로 도르래에 작용하는 모든 힘에 대한 모멘트의 평형조건을 적용하고 도르래의 회전 마찰을 무시하면 두 힘이 같게 된다.) 도르래 C의 중심에 작용하는 힘 R 과 T 도 함께 그림에 표시하였다. 도르래 A와 B에 대해서도 각각 자유물체도를 그리면 그림과 같다. 도르래 A에서 도르래를 감싸는 줄의 장력은 P로 같고 도르래 B를 감싸는 줄의 장력도 P로 같으므로 도르래 A의 중앙에 연결된 줄의 장력도 P가 된다. 각 도르래에 작용하는 케이블의 장력의 방향은 먼저 가정한 도르래에서의 방향과 반대가 되도록 취한다. 케이블 내에 발생하는 내력이 케이블 절단면에서 작용하는 작용력과 반작용력을 적용한 것이다. 도르래 B의 중심에 작용하는 하중 T 는 도르래 C에서의 T 와 반대 방향이 된다. 각 도르래에 대한 힘의 평형 조건으로부터 모든 미지력을 구할 수 있다.

도르래 A로부터

$$\sum F_y = 3P - 600 = 0$$

$$P = 200 \ N$$

도르래 B로부터

$$\sum F_y = T - 2P = 0$$

$$T = 2P = 400 \ N$$

도르래 C로부터

$$\sum F_x = R_x - P\sin\theta = 0$$

$$\sum F_y = R_y - T - P - P\cos\theta = 0$$

$$R_x = P\sin\theta$$

$$R_y = P(3 + \cos\theta)$$

그림과 같은 도르래를 사용함으로서 무게가 600N인 물체를 들어 올리는데 필요한 힘이 200N으로 감소함을 알 수 있다.

도르래를 잡고 있는 천정에서는 결국 물체 무게와 도르래 줄을 당기는 힘의 합력만큼 반력이 발생하게 된다. 당기는 방향이 수직 하향이라면 $\theta = 0$이 되므로 $R_x = 0$, $R_y = 800 \ N$이 된다. ∎

2.3 두 힘 부재와 세 힘 부재

하나의 부재에 작용하는 힘이 그림 2-16과 같이 단지 두 지점에서만 가해진 상태에서 힘의 평형 조건을 만족하는 물체를 두 힘 부재라 말한다.

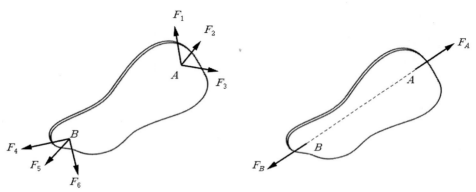

그림 2-16 두 힘 부재

그림 2-16과 같이 한 점에 여러 개의 힘이 작용하더라도 그 힘들을 하나의 합력으로 나타낼 수 있으므로 결국 두 힘 부재란 두 개의 힘을 받으며 정역학적 평형 조건을 만족하는 부재라고 말할 수 있는데 이러한 경우 두 개의 힘은 크기가 같고 방향이 반대이면서 동일한 작용선 상에 작용하는 힘이어야 한다는 사실이다.

만일 그림 2-17과 같이 두 힘의 방향이 평행이 아니게 되면 한 개의 힘의 방향을 x축이라 하고 평형조건을 적용하였을 때 y축 방향의 힘의 평형조건을 만족할 수가 없으므로 두 힘의 방향은 반드시 평행하다는 것을 알 수 있다.

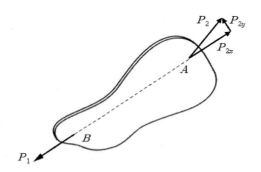

그림 2–17 두 힘 부재의 특성

$$\sum F_y = P_{1y} + P_{2y} = P_{2y} \neq 0$$

그리고 두 힘이 크기가 같고 방향이 반대이면서 평행하더라도 동일한 작용선 상에 있지 아니하면 즉, 그림 2-18과 같이 e만큼 떨어져 있다면 모멘트에 대한 평형 조건을 만족할 수 없다. 즉, 모멘트 평형조건을 만족하기 위해서는 $M = P_2 e = 0$ 이어야 하는데, $P_2 \neq 0$ 이므로 $e = 0$, 즉, 두 힘은 동일한 작용선 상에 있어야 한다는 것이다.

$$\sum M = P_2 e \neq 0$$

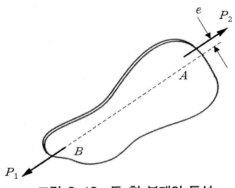

그림 2–18 두 힘 부재의 특성

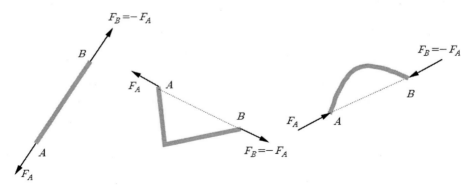

그림 2-19 두 힘 부재의 종류

그림 2-19에 여러 가지 형태의 두 힘 부재의 예를 나타냈다. 구조물을 해석할 때 부재 하나 하나를 주의 깊게 살피면서 부재에 작용하는 힘이 몇 곳에서 작용하는지 단지 두 곳이라면 그 부재는 두 힘 부재로 취급할 수 있으며 두 힘의 작용선은 두 힘이 작용하는 두 지점을 연결하는 직선이 되고 두 힘의 크기는 반드시 같고 방향은 반대이어야 한다는 성질을 적용하면 보다 쉽게 문제를 해결할 수 있게 된다.

예제 2-9 길이가 20m인 boom이 1200kg의 물체를 지지하고 있다. 케이블의 수평 길이가 10m라 할 때 boom과 케이블이 받는 힘은 각각 얼마인가?

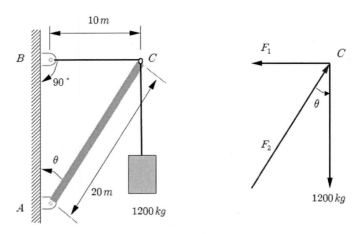

그림 2-20 두 힘 부재(예제)

풀이)

절점 C에 작용하는 힘을 그림과 같이 가정하고 힘의 평형조건을 적용하자.

$$\overline{AB} = \sqrt{20^2 - 10^2} = 17.3 \ m$$

$$\sum F_x = -F_1 + F_2 \cdot \frac{10}{20} = 0$$

$$\sum F_y = F_2 \cdot \frac{17.3}{20} - 1200 = 0$$

$$F_2 = 1387 \ kg \ (압축)$$

$$F_1 = 694 \ kg \ (인장)$$

평형방정식을 풀어서 구한 결과 F_1, F_2 모두 양(+)의 값을 얻었다. C점에 대한 자유물체도를 그릴 때 F_1은 절점에서 멀어지는 방향으로 취하였기 때문에 케이블 BC가 인장하중을 받는 것으로 가정하였고 F_2는 절점을 향하는 방향으로 힘의 방향을 가정하였으므로 AC 부재는 압축하중을 받는 것으로 생각하였다. 결과가 모두 양(+)의 값이라는 것은 자유물체도에서 가정한 힘의 방향대로 하중이 작용함을 뜻한다.

힘의 삼각형에 의한 풀이

부재 AC와 BC가 축방향 힘만 발생하는 구조물이므로 각 부재가 감당하는 힘의 방향은 부재의 길이 방향과 같다. C점에서 각 부재로부터 전달되어 오는 힘에 의한 삼각형을 그려보면 그림 2-21과 같다. △A′B′C′와 △ABC는 닮은 삼각형이므로 각 부재가 감당하는 힘의 크기는 삼각형의 변의 길이에 비례한다.

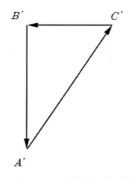

그림 2-21 힘의 삼각형

$$\overline{AC} : \overline{BC} : \overline{AB} = F_{AC} : F_{BC} : 1200$$

$$\frac{\overline{BC}}{F_{BC}} = \frac{\overline{AC}}{F_{AC}} = \frac{\overline{AB}}{1200} = \frac{17.3}{1200} = 0.0144$$

$$F_{AC} = \frac{\overline{AC}}{0.0144} = \frac{20}{0.0144} = 1387 \; kg$$

$$F_{BC} = \frac{\overline{BC}}{0.0144} = \frac{10}{0.0144} = 694 \; kg$$

이와 같이 힘의 삼각형을 주어진 구조물에서 빨리 찾게 되면 미지력의 크기를 삼각형으로부터 쉽게 구할 수 있다. $\triangle A'\, B'\, C'$ 삼각형을 구성하는 각 힘은 결국 절점 C에 작용하는 힘을 의미하게 된다. ■

2차원 평면 문제인 경우 부재에 세 개의 힘만 작용한 상태에서 힘의 평형 조건을 만족하는 경우 부재에 작용하는 세 개의 힘은 반드시 한 점에서 만나야만 한다는 특성이 있다. 이를 세 힘 정리라 하며 이러한 특성을 가진 부재를 세 힘 부재라 한다. 세 힘이 평행한 경우는 세 개의 힘이 무한히 먼 곳에서 만난다고 할 수 있다.

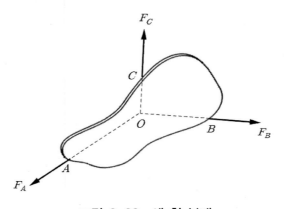

그림 2-22 세 힘 부재

그림 2-23과 같이 힘의 합력이 0(영)인 세 개의 힘이 만일 한 점에서 만나지 않는 경우, 먼저 두 개의 힘이 만나는 점을 O, 세 번째 힘과 O 점 사이의 거리를 e 라 하고 O점에 대한 모멘트의 평형 조건을 적용하면 다음과 같다.

$$\sum M_O = P_1 \times 0 + P_2 \times 0 + P_3 \times e = P_3 e \neq 0$$

평형조건을 만족시키기 위해서는 모멘트가 '0'이어야 하고, $P_3 \neq 0$ 이므로 $e = 0$ 이어야만 한다. 즉, 세 힘은 반드시 한 점을 지나야만 한다. 이러한 특성을 이용하면 세 개의 힘만 작용하는 부재의 미지력을 구할 때 큰 도움이 된다.

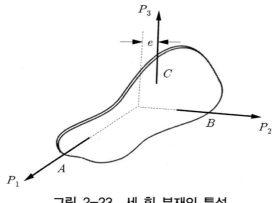

그림 2-23 세 힘 부재의 특성

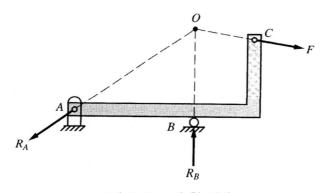

그림 2-24 세 힘 정리

그림 2-24에서와 같이 C점에서 외력 F를 받는 부재가 그림과 같이 A, B 지점에서 지지된다고 할 때, B 지점의 반력 R_B는 수직방향이므로 F와 R_B를 연장하면 교점 O를 구할 수 있게 된다. 세 힘 정리에 의해 A지점에서의 반력의 작용선은 반드시 O점을 통과해야 한다. 이렇게 A점에서의 반력을 알면 문제를 좀 더 쉽게 풀 수도 있다.

예제 2-10 그림과 같이 한 끝에서 집중하중 $P = 26\,kN$을 받는 보의 지지점에 발생하는 반력을 다음 방법으로 구하시오. 1) 세 힘 정리를 적용하여 반력의 방향을 결정하여 구하시오. 2) 힘의 평형 방정식을 사용하여 구하시오.

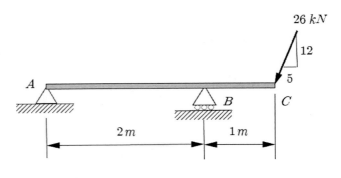

그림 2-25 세 힘 부재(예제)

해설)

1) 세 힘 정리 적용

　두 개의 지지점 A와 B에서 반력이 발생하여 보에 총 3개의 힘이 작용한 상태이므로 평형
조건을 만족하기 위해서는 세 힘 정리를 만족해야 한다.

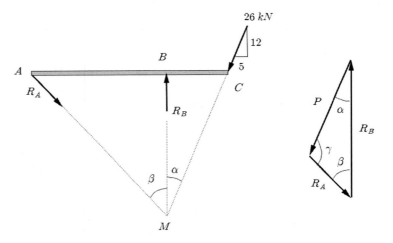

그림 2-26 세 힘 부재(예제)

　지지점 B에서는 수직방향의 반력만 발생하므로 A점에서의 반력은 그림 2-26처럼 A와 M을
연결한 직선의 방향이어야 한다. 세 힘으로 이루어지는 힘의 삼각형은 그림과 같다.
$\overline{AB} : \overline{BC} = 2 : 1$, △BCM에서 $\overline{BC} : \overline{BM} = 5 : 12$ 이므로 △ABM에서 $\overline{AB} : \overline{BM} = 10 : 12$
가 된다. 그림에서 P의 수평 성분의 크기가 10 kN이므로 R_A의 수평성분은 10 kN, 수직성분
은 12kN이 된다.

$$\beta = \tan^{-1}\frac{10}{12} = 40°$$

$$\alpha = \tan^{-1}\frac{5}{12} = 23°$$

$$\gamma = 180 - 40 - 23 = 117°$$

$$\frac{R_A}{\sin\alpha} = \frac{R_B}{\sin\gamma} = \frac{P}{\sin\beta} = \frac{26}{\sin 40} = 40.4$$

$$R_A = 40.4\sin 23 = 15.8\,kN$$

$$R_B = 40.4\sin 117 = 36.0\,kN$$

2) 그림 2-27과 같은 자유물체도에 대한 평형 방정식을 적용하면

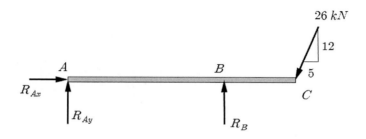

그림 2-27 세 힘 부재(예제)

$$\sum F_x = R_{Ax} - 10 = 0$$

$$\sum F_y = R_{Ay} + R_B - 24 = 0$$

$$\sum M_A = 2R_B - 3 \times 24 = 0$$

$$R_B = 36\,kN, \quad R_{Ax} = 10\,kN, \quad R_{Ay} = 12\,kN$$

$$R_A = \sqrt{10^2 + 12^2} = 15.6\,kN$$

R_A의 크기가 조금 다르게 나온 것은 계산 과정에서 반올림으로 인한 오차가 누적되어 발생한 것이다.

연습문제

문2-1 그림과 같이 케이블에 $1000\,lb$ 무게의 물체가 매달려 있을 때 케이블에 걸리는 장력의 크기는 얼마인가?

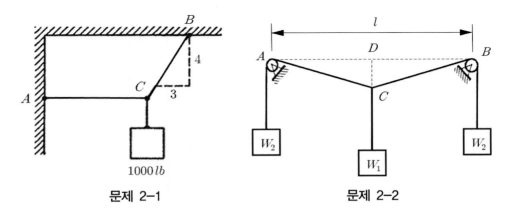

문제 2-1   문제 2-2

문2-2 그림과 같이 2개의 물체가 양 끝에 매달려 있고 하나가 중앙에 매달린 상태에서 평형을 이루고 있을 때 CD 사이의 거리는 얼마인가? 단, $l = 2\,m$, $W_1 = 100\,kg$, $W_2 = 500\,kg$ 이다.

문2-3,4 그림과 같은 하중을 받는 구조물의 반력을 구하시오.

문2-5 각각의 무게가 P, Q인 원통이 그림처럼 놓여 있다. 아래 두 개의 원통의 중심이 길이가 l인 줄로 묶여 있을 때 줄에 걸리는 장력의 크기는 얼마인가? 원통의 반지름은 r로 동일하다. 단, $l = 3r$ 이다.

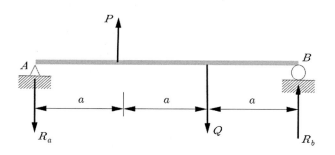

문제 2-3

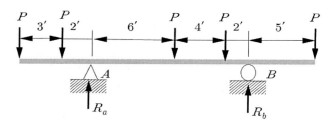

문제 2-4

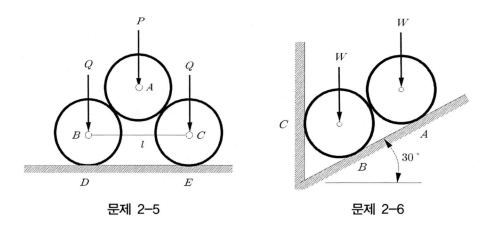

문제 2-5   문제 2-6

문2-6 그림과 같이 무게가 W인 두 개의 원통이 경사면에 놓여 있을 때 두 원통이 서로 접촉하는 곳에 작용하는 힘의 크기를 구하시오.

문2-7 무게가 600kg인 물체를 계단 위로 끌어올리기 위해 필요한 힘의 최소값은 얼마인가?

문2-8 그림과 같은 구조물에서 외력으로 인해 발생하는 지지점에서의 반력의 크기와 방향을 1) 힘의 삼각형(세 힘 정리 이용)으로부터, 2) 힘의 평형 방정식을 사용하는 방법으로 각각 구하라.

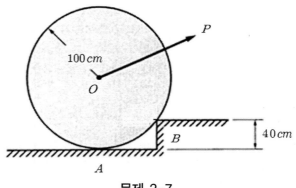

문제 2-7

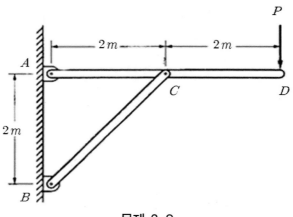

문제 2-8

문2-9 그림과 같이 외력으로 인해 보의 지지점에 발생하는 반력의 크기를 구하라

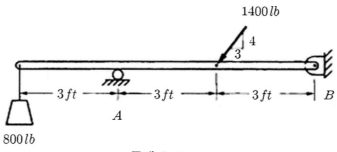

문제 2-9

CHAPTER 03

정역학적 구조물 해석

3.1 트러스 구조

트러스란 한쪽 방향으로 긴 부재 여러 개가 결합되어 있는 구조물로 각 부재의 두 지점이 힌지(hinge)로만 연결된 형태의 구조물을 의미한다. 개개의 부재는 힌지 형태의 절점을 통해서만 힘이 전달되므로 부재는 두 지점에서만 힘이 작용하는 두 힘 부재가 된다. 이상적인 트러스는 두 힘 부재로만 이루어진 구조물을 의미한다. 이러한 형태의 구조물은 주위에서 쉽게 볼 수 있는 교량과 철탑이나 그림 3-1과 같은 형태의 구조물을 상상하면 된다.

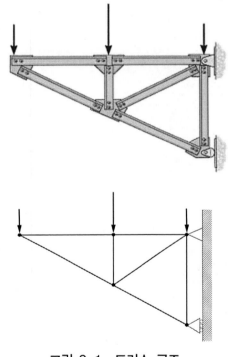

그림 3-1 트러스 구조

그러나 실제의 구조물은 연결 지점에 하나의 볼트만으로 결합되기 보다는 두 개 또는 여러 개의 볼트가 결합이 되어 있어 부재와 부재가 연결되어 있는 곳에서 회전력에 대해서도 일부 저항할 수 있도록 되어 있어 엄밀한 의미로는 두 힘 부재로 취급할 수가 없게 된다. 그러나 이러한 부재라도 길이 방향의 강성에 비해 굽힘 강성이 매우 작아 부재의 길이 방향에 수직한 내력(전단력)은 무시할 수 있을 정도로 적게 발생되므로 두 힘 부재로만 이루어진 트러스로 취급할 수 있게 된다. 앞 장에서 언급한 바와 같이 두 절점을 연결한 작용선을 따라 작용하는 힘밖에 없게 되고 부재는 직선의 형태로 이루어져 있는 경우가 대부분이므로 그림 3-2와 같이 두 힘 부재가 감당할 수 있는 힘은 인장 또는 압축 형태의 축력밖에 없게 된다.

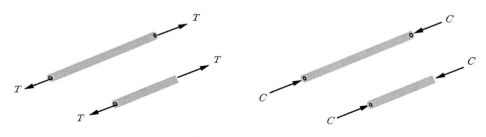

그림 3-2 두 힘 부재의 내력

트러스 구조물은 기본적으로 모든 부재가 삼각형 모양으로 연결되어 구성되어 있다. 만일 사각형 형태로 구성되게 되면 그림 3-3과 같이 부재가 쉽게 회전할 수 있게 되어 온전하게 하중을 감당하기 어렵게 되기 때문이다. 따라서 그림과 같이 사각형 ABCD의 구조물로 설계되면 쉽게 변형이 발생하므로 변형되지 않고 견고한 구조물이 되도록 하기 위해서는 AC와 같은 대각선 부재를 추가하여 삼각형 요소로 만들어야 한다.

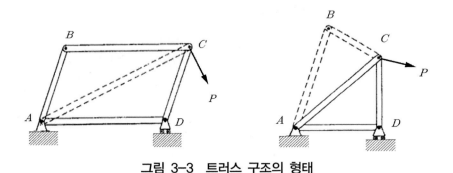

그림 3-3 트러스 구조의 형태

본 장에서 다루고자 하는 트러스는 2차원 평면에 존재하는 평면 트러스를 대상으로 한다. 트러스 구조물의 해석 방법에는 절점법(method of joints)과 단면법(method of sections)을 이용하여 개개의 부재에 발생하는 내력이나 지지점에서의 반력을 구하는 방법이 사용된다.

3.2 절점법

트러스가 평형 상태에 있다면 트러스의 각 절점도 평형 상태를 만족해야만 한다. 각 절점에서 여러 개의 부재가 핀으로 결합되어 있으므로 개개의 부재에 미치는 힘은 핀을 통하여서 전달이 되므로 핀에 작용하는 모든 힘의 합력은 반드시 0이 되어야 한다.

$$\sum F_x = 0 \qquad\qquad \sum F_y = 0 \qquad\qquad (3\text{-}1)$$

정역학 문제를 해결하기 위해서는 먼저 자유 물체도를 그려야 하는데 절점법에서는 핀(절점)만을 떼어내서 핀에 작용하는 힘을 모두 표시한다. 각 부재로부터 핀에 전달되는 힘은 해당 부재의 축력 이외에는 없으므로 핀에 작용하는 힘은 부재의 길이 방향과 정확하게 일치한다. 문제를 풀어나가는데 있어서는 그림 3-4와 같이 미지력의 방향을 먼저 가정하여야 한다. 절점으로부터 멀어져 가는 방향으로 힘을 가정하는 경우는 부재가 핀을 부재 쪽으로 당기는 힘의 상태를 의미하며, 이것은 핀이 부재를 당기는 상태가 되어 부재에는 인장 하중이 발생한 상태가 된다. 반대로 절점을 향하는 방향으로 힘을 가정하는 경우는 부재가 핀을 부재 쪽에서 핀 쪽으로 미는 상태를 의미하며, 핀의 입장에서는 부재를 미는 상태가 되어 부재에는 압축 하중이 발생한 상태가 된다. 이와 같이 미지력의 방향을 임의로 정해 놓고 힘의 평형 조건을 적용하여 구한 결과로부터 미지력의 값이 (+) 값을 보이면 앞에서 가정한 힘의 방향이 맞다는 것을 뜻하고, (-) 값을 얻게 되면 미지력의 방향이 이전에 가정한 것과는 반대 방향으로 작용한다는 것을 의미한다. 최종적으로 그림과 같이 구한 미지력의 방향이 절점으로부터 멀어져 가는 방향인 경우는 부재가 핀을 부재 쪽으로 당기는 것을 의미한다. 즉, 핀이 부재를 당기는 것을 뜻하므로 부재는 인장하중을 받는 상태라는 것을 나타낸다. 반대로 구한 미지력의 방향이 절점을 향하는 경우는 부재가 핀을 미는 상태, 즉 핀이 부재를 미는 것을 뜻하므로 부재는 압축하중을 받는 상태라는 것을 나타낸다.

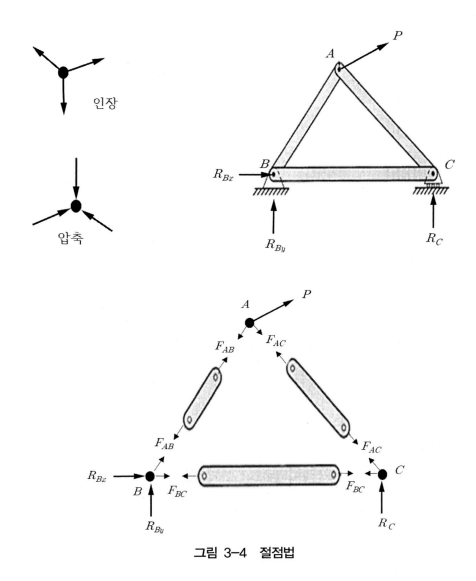

그림 3-4 절점법

그림과 같이 삼각형 모양의 트러스 구조물이 A 절점에서 하중을 받는 경우 A 절점에서의
핀에 대한 자유 물체도를 그렸을 때 부재 AB가 핀에 주는 힘은 절점에서 바깥 방향으로 향하고
있으므로 부재 AB는 인장을 받는 상태로 가정이 되었음을 의미한다. 부재 AC가 핀에 주는
힘도 절점에서 멀어지는 방향이므로 역시 AC 부재도 인장하중을 받는다고 가정하여 문제를
풀어나간 것이다. B 절점에 작용하는 힘을 표시할 때는 한 가지 주의할 것이 있는데 부재
AB가 핀에 작용하는 힘의 방향은 A 절점에서 가정했던 힘의 방향과 부합해야 한다는 것이다.
부재 AB를 떼어내서 생각할 때 A점에서 핀은 부재에 인장하중을 가하는 형태로 가정하였으므로 B 절점에서도 부재가 받는 힘은 인장하중이어야 힘의 평형 조건이 성립하게 됨을 주의하면서 핀 B가 부재 AB로부터 받는 힘을 그림과 같이 절점에서 멀어지는 방향으로 해야 한다. 절점 B에 작용하는 또 다른 힘들, 즉 반력과 부재 BC가 핀에 작용하는 힘의 방향은 임의로 가정하면 된다. 그림의 경우는 지지점 B가 핀 B에 주는 힘이 절점을 향하도록 하였는데 이것은 트러스가 지지점 B를 아랫방향과 왼쪽방향으로 미는 것을 뜻한다. 부재 BC와 관련된 힘의 방향은 절점에서 멀어지는 방향으로 가정되어 있는데 이는 부재가 핀 B를 C쪽으로 당기는 것을 의미한다, 즉, 핀이 부재 BC를 당기고 있다는 것을 의미하므로 부재 BC가 인장 상태에 있음을 의미한다. 끝으로 절점 C에서의 자유 물체도를 나타내기로 한다. 이때는 부재 BC가 핀 C에 주는 힘의 방향과 부재 AC가 핀에 주는 힘의 방향은 각각 핀 B와 핀 A에서 가정한 방향과 부합하도록 한다. 부재 BC는 절점 B에서 인장하중을 받는다고 가정하였으므로 절점 C에서도 인장하중이 되도록 힘의 방향이 절점에서 멀어지도록 하고, 부재 AC와 관련해서도 절점 A에서 부재가 인장하중 상태로 취하였으므로 C점에서도 인장하중이 되도록 힘의 방향이 절점으로부터 멀어지도록 잡아야 한다. 지지점 C에서 주는 반력의 방향은 임의로 취하게 되는데 그림의 경우는 절점을 향하여 위로 작용하는 것으로 가정하였다. 즉, 트러스가 지지점 B에서와 같이 지지점을 아래 방향으로 민다고 가정한 것이다. 이와 같이 개개의 절점에 작용하는 힘을 나타낸 후 각 절점에서의 힘의 평형 방정식을 적용하여 미지력을 구하면 된다. 앞서 말한 것과 같이 미지력을 구하여 얻은 값이 (+)이면 이전에 가정한 것이 맞는 상태가 되고 (-) 값을 얻게 되면 미리 가정한 미지력의 방향이 반대라는 것을 말한다. 다시 말해 A점에서의 미지력 F_{AB}가 (+)이면 부재 AB는 인장하중 상태, 만일 (-) 값을 얻게 되면 부재 AB가 압축상태 임을 의미한다.

절점에 작용하는 힘의 방향을 정리하면 다음과 같다.

1) 인장 부재는 부재가 당겨지는 힘을 받는 상태를 말하며 핀에 작용하는 힘은 절점으로부터 멀어지는 방향으로 힘의 방향이 나타난다.

2) 압축 부재는 양 끝에서 부재가 축 방향으로 밀리는 힘을 받을 때를 말하며 핀에 작용하는 힘은 절점으로 향하는 힘의 방향이 나타난다.

트러스 문제를 풀어 나갈 때는 미지력이 두 개인 절점으로부터 차례대로 자유물체도를 그려가면서 힘의 평형 조건을 적용하여 부재에 발생하는 내력을 구해나간다.

예제 3-1 그림과 같은 트러스에서 각 부재에 작용하는 힘과 내력을 구하시오.

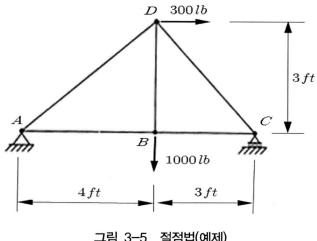

그림 3-5   절점법(예제)

풀이)

먼저 지지점 A, C에서의 반력을 구해보기로 한다. A에서는 수평방향의 힘과 수직방향의 힘을 지지할 수 있고, C에서는 수직방향의 힘만 지지할 수 있으므로 그림 3-6과 같이 지지력과 외력을 나타낸 자유물체도를 완성하였다.

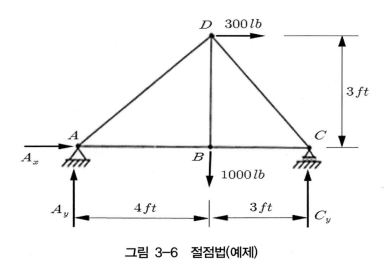

그림 3-6   절점법(예제)

힘의 평형조건을 적용하면

$$\sum F_x = A_x + 300 = 0$$

$$\sum F_y = A_y + C_y - 1000 = 0$$

$$\sum M_A = -3 \cdot 300 - 4 \cdot 1000 + 7C_y = 0$$

$$A_x = -300 \ lb \ (\leftarrow) \qquad A_y = 300 \ lb \ (\uparrow) \qquad C_y = 700 \ lb \ (\uparrow)$$

반력의 결과에서 화살표는 화살표의 방향으로 반력이 트러스에 가해진다는 것을 의미한다.

그림 3-7과 같이 부재의 내력을 가정하기로 한다. 절점 A, C에 작용하는 힘에 대한 평형조건을 적용하여 부재에 발생하는 힘을 구할 수 있다.

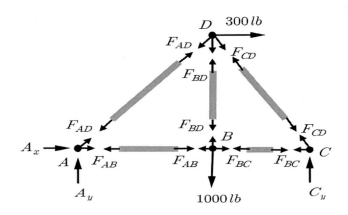

그림 3-7 절점법(예제)

절점 A에서

$$\sum F_x = A_x + F_{AB} + F_{AD} \cdot \frac{4}{5} = 0$$

$$\sum F_y = A_y + F_{AD} \cdot \frac{3}{5} = 0$$

$$F_{AD} = -500 \ lb \ (압축) \qquad\qquad F_{AB} = 700 \ lb \ (인장)$$

절점 C에서

$$\sum F_x = -F_{BC} - F_{CD} \cdot \frac{1}{\sqrt{2}} = 0$$

$$\sum F_y = C_y + F_{CD} \cdot \frac{1}{\sqrt{2}} = 0$$

$$F_{CD} = -990 \ lb \ (압축) \qquad F_{BC} = 700 \ lb \ (인장)$$

각 절점에 대한 힘의 평형 조건으로부터 구한 결과의 부호에 따라 부재에 발생하는 내력이 결정되는데 각 절점에서 멀어지는 방향(인장력)으로 가정하였기 때문에 결과가 (+)이면 부재에는 인장력이 발생함을 의미하고 결과가 (-)이면 압축하중이 발생함을 뜻한다.

절점 B에 작용하는 힘의 관계를 살펴보면

$$\sum F_x = - F_{AB} + F_{BC} = 0$$

$$\sum F_y = F_{BD} - 1000 = 0$$

$$F_{AB} = F_{BC} = 700 \, lb \; (인장) \qquad F_{BD} = 1000 \, lb \; (인장) \qquad \blacksquare$$

절점 D에 작용하는 힘에 대한 평형 조건을 확인하기 바란다. 만일 평형 조건이 만족되지 않으면 이전의 계산 과정에 오류가 있는 것이다. 각 부재에 발생하는 결과력을 그림 3-8에 종합하여 나타냈다. 각 절점에 나타낸 힘은 부재가 절점에 주는 힘의 방향을 나타낸 것이므로 절점에서 부재에 주는 힘의 방향은 반대가 될 것이고 부재의 내력은 절점에서 부재에 주는 힘의 방향에 따라 결정된다. 그림에 나타낸 부재의 내력이 부호에 따라 (+) 값은 인장하중, (-) 값은 압축하중이 부재 안에 발생했음을 의미한다.

본 문제를 해결하는 과정에서 D 절점에 작용하는 힘의 관계를 먼저 적용하지 않고 A, C 점에서의 반력을 먼저 구한 것은 D 절점에 작용하는 미지력의 수가 3개이므로 힘에 대한 평형 방정식을 적용하여도 미지력을 구할 수가 없어 미지력을 구할 수 있는 절점을 먼저 찾아 순차적으로 부재의 내력을 구하였다.

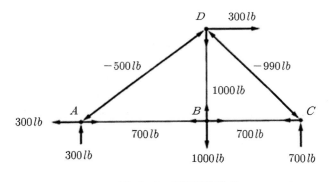

그림 3-8 절점법(예제)

예제 3-2 그림과 같은 트러스 구조에서 각 부재에 발생하는 힘을 구하시오.

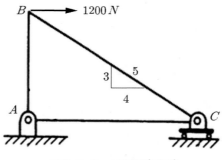

그림 3-9   절점법(예제)

풀이)

각 절점에 작용하는 힘을 그림 3-10과 같이 표시하였다. AB 부재는 인장하중, BC 부재는 압축하중, AC 부재는 인장하중을 받는 것으로 가정하였다. 지지점 A, C에서의 반력은 그림처럼 가정하였다.

각 절점에서의 평형방정식을 세우면 다음과 같다.

절점 B에서

$$\sum F_x = 1200 - F_{BC} \cdot \frac{4}{5} = 0$$

$$\sum F_y = -F_{AB} + F_{BC} \cdot \frac{3}{5} = 0$$

$$F_{BC} = 1500 \ N \ (압축) \qquad F_{AB} = 900 \ N \ (인장)$$

F_{AB}, F_{BC} 모두 (+) 값으로 나타났는데 F_{AB} 의 경우 처음에 인장으로, F_{BC} 는 압축으로 가정하였기에 F_{AB} 는 인장하중을 받는 것으로 F_{BC} 는 압축하중을 받는 것으로 해석한다.

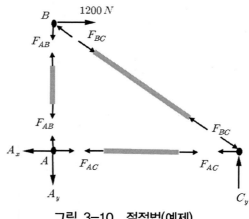

그림 3-10   절점법(예제)

절점 C에서

$$\sum F_x = -F_{AC} + F_{BC} \cdot \frac{4}{5} = 0$$

$$\sum F_y = C_y - F_{BC} \cdot \frac{3}{5} = 0$$

$$F_{AC} = 1200 \ N \ (인장)$$

$$C_y = 900 \ N \ (\uparrow)$$

절점 A에서

$$\sum F_x = -A_x + F_{AC} = 0$$

$$\sum F_y = -A_y + F_{AB} = 0$$

$$A_x = 1200 \ N \ (\leftarrow) \qquad A_y = 900 \ N \ (\downarrow)$$

A_x, A_y 의 값이 (+)이므로 애초에 가정한 반력의 방향으로 지지점에서 트러스에 힘이 가해진다고 해석한다.　■

트러스를 구성하는 부재이지만 하중을 전혀 받지 않는 부재, 즉 내력이 '0'인 부재를 무부하 부재라 한다. 무부하 부재에는 내력이 발생하지 않으므로 해당부재가 구조물에서 제거되어도 다른 부재의 내력에는 변화가 없다. 주어진 구조에서 무부하 부재를 제거하면 구조물이 좀 더 단순해지므로 문제를 보다 쉽게 해결할 수 있다.

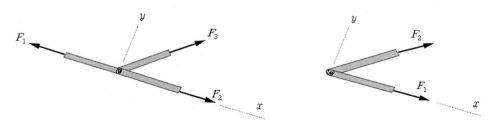

그림 3-11　무부하 부재

다음과 같은 조건을 만족하는 경우 무부하 부재가 된다.

1) 세 개의 부재로 결합된 하나의 절점에 외력이 작용하지 않고 두 개의 부재가 일직선 위에 있을 때, 다른 하나의 부재는 무부하 부재이다.
2) 일직선을 이루지 않는 두 개의 부재가 한 절점에서 결합되고 절점에 외력이 작용하지 않는 경우 두 부재 모두 무부하 부재이다.

이러한 성질은 힘의 평형 조건을 적용하면 쉽게 증명할 수 있다. 그림 3-11에서와 같이 부재의 방향에 맞추어 x, y축을 취한 후 각 방향 성분의 힘의 평형 조건을 적용한다. 왼편 그림에서 y 방향 힘은 F_3만 있으므로 $F_3 = 0$이 되어 무부하 부재가 된다. 오른편 그림에서는 먼저 y 방향 힘은 F_2만 있으므로 $F_2 = 0$이 되어 무부하 부재가 되고, x 방향 힘은 F_1, F_2가 있었지만 $F_2 = 0$이므로 F_1도 '0'이 되어 무부하 부재가 된다.

그림 3-12에서 무부하 부재를 찾아보기로 한다. 먼저 절점 H에서 조건 2)에 의해 AH, GH 부재는 무부하 부재가 되고, 절점 F에서 CF 부재가 조건 1)에 의해 무부하 부재가 된다. 그림에서 'ㅇ'로 표시한 것이 무부하 부재이다.

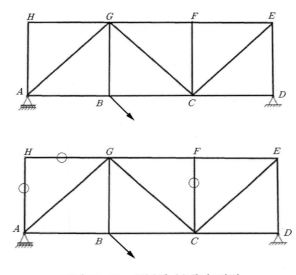

그림 3-12 무부하 부재의 판별

앞에서 언급한 무부하 부재를 판별하는 것을 다시 정리하면 다음과 같다. 부재의 수로 판별하기보다는 절점에 작용하는 힘의 수로 판별하는 것이 보다 쉽다. 절점에 부가되는 힘은 부재에서 올 수도 있고 외력일 수도 있다. 정리하면

1) 절점에 부가되는 힘이 3개이고 이들 중 두 힘이 일직선 상에 있다면 나머지 하나 직선에서 벗어난 부재는 무부하 부재가 된다.
2) 절점에 두 개의 힘만 작용할 때 두 힘이 일직선 상에 있지 않으면 두 부재는 무부하 부재이다.

예제 3-3 그림과 같은 트러스에서 무부하 부재를 고르시오.

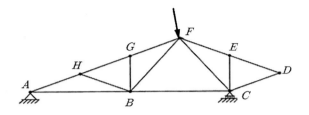

그림 3-13 무부하 부재(예제)

해설)
절점 G, H에서 조건 1)에 의해 부재 BG, BH가 무부하 부재에 해당하고, 절점 B에서 BG, BH 부재를 제거하면 다시 조건 1)에 의해 BF 부재도 무부하 부재가 된다. 절점 D에서는 조건 2)에 의해 CD, DE 부재가 무부하 부재가 된다. 이어서 절점 E에서도 EF, CE가 이에 해당한다. 최종 결과는 그림 3-14와 같다.

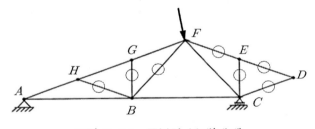

그림 3-14 무부하 부재(예제)

3.3 단면법

절점법은 각 절점에 대한 힘의 평형 조건을 적용하여 부재의 내력을 구하는 방법으로 그림 3-15와 같은 트러스에서 m-n 단면에 위치한 부재 DE, EI, HI의 내력만을 알고자 할 때에도 여러 절점에 대한 계산과정을 거쳐야만 구할 수 있게 된다. 그러나 절단법이라고도 하는 단면법을 적용하게 되면 간단한 계산과정을 거쳐 쉽게 해당 부재의 내력을 구할 수 있다.
단면법은 내력을 알고자 하는 부재가 통과하는 곳에서 적절히 트러스를 잘라내고 잘라진 단면이 있는 부재의 내력의 방향을 가정하여 나타낸 다음 힘의 평형 조건을 적용하여 미지력을 구하는 방법이다. 예를 들어 그림 3-15와 같은 트러스에서 부재 DE, HI, EI의 내력을 알고자 할 때 트러스를 m-n 단면으로 좌우를 분리하여 한 쪽 트러스에 대한 자유 물체도를 그린다. 모든 부재는 두 힘 부재이므로 내력은 축력만 존재하므로 부재의 미지력은 길이 방향으로만 작용한다. 부재의 내력은 인장과 압축 중 어떤 것으로 가정하여도 관계없지만 혼란을 줄이기 위해 편의상 인장 하중을 받는다고 가정하여 그림과 같이 단면에서 바깥쪽으로 미지력의 방향을 취하는 것이 좋다. 완성된 자유 물체도를 보면서 다음과 같은 힘의 평형 조건을 적용하여 문제를 해결한다.

$$\sum F_x = 0 \qquad \sum F_y = 0 \qquad \sum M = 0 \tag{3-2}$$

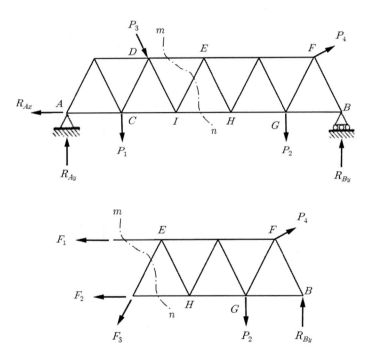

그림 3-15 단면법

구한 내력이 양(+)의 값이면 부재는 인장을 받는 상태이고, 음(-)의 값이면 부재는 압축을 받는 상태로 해석한다. 필요에 따라 다음 예와 같이 부재의 내력을 구하기 전에 지지점에서의 반력을 먼저 구한 후 내력을 구해야만 하는 경우도 있다.

그림 3-16과 같은 트러스에서 F_{FG}, F_{BG}, F_{BC} 를 구해보기로 한다. 먼저 지지점에서의 반력을 구하면 $A_x = 1000\,N$, $A_y = 2750\,N$, $E_y = 1250\,N$ 이다. 부재의 내력을 구하기 위해

절단된 트러스의 좌측 구조물에 대해 평형조건을 적용하기로 한다. B점에 대한 모멘트 평형조건을 적용하면

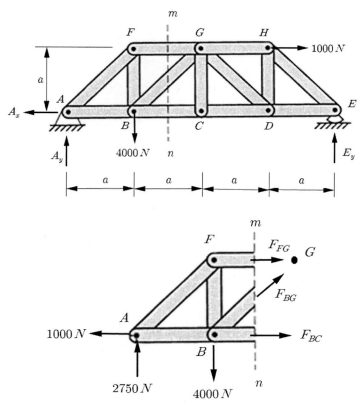

그림 3-16   단면법의 적용

$$\sum M_B = 2750\,a + F_{FG}\,a = 0$$
$$F_{FG} = -2750\,N\,(압축)$$

이어서 힘의 평형조건을 적용하면

$$\sum F_x = -1000 - 2750 + F_{BG} \cdot \frac{1}{\sqrt{2}} + F_{BC} = 0$$

$$\sum F_y = 2750 - 4000 + F_{BG} \cdot \frac{1}{\sqrt{2}} = 0$$

$$F_{BG} = 1768\,N\,(인장) \qquad F_{BC} = 2500\,N\,(인장)$$

이와 같이 단면법을 적용함으로써 특정부재의 내력을 간단히 구할 수 있는데 그림에 보인

것처럼 부재의 내력을 인장이라 가정하고 구한 결과가 (+) 값이면 부재는 인장하중을 받고 있는 상태로 판정하고 (-) 값의 결과를 얻게 되면 부재 단면에 작용하는 힘의 방향이 반대가 되어 부재 단면에 압축하중의 형태로 가하는 것이 되므로 부재는 압축하중을 받는 상태로 판정하게 되는 것이다.

모멘트에 대한 평형조건을 적용하기 위해 기준점을 선택할 때 미지력이 여러 개인 점을 기준점으로 삼으면 방정식을 풀기가 쉽다. 본 예에서는 절점 B와 G가 미지력 두 개가 모이는 점이므로 적당한데, B의 경우 미지력 외에 외력도 함께 작용하므로 방정식이 더욱 간단하게 되므로 기준점으로 택한 것이다.

예제 3-4 그림과 같은 트러스에서 부재 1, 4에 발생한 내력을 구하시오.

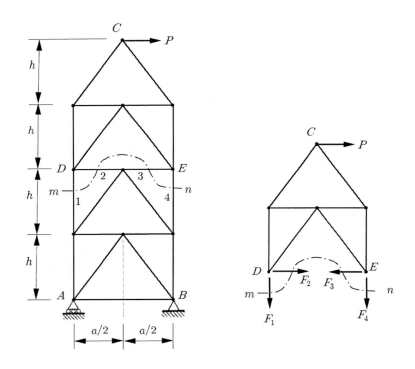

그림 3-17 단면법(예제)

풀이)

그림과 같이 1, 2, 3, 4 부재를 절단하는 m-n 단면의 각 부재에 발생한 내력을 구하기로 한다. 그림과 같은 자유 물체도에 대한 힘과 모멘트의 평형조건을 적용하면 다음과 같다.

$$\sum F_y = F_1 + F_4 = 0$$

$$\sum F_x = P + F_2 - F_3 = 0$$

$$\sum M_D = 2hP + aF_4 = 0$$

$$F_4 = -\frac{2h}{a}P \qquad\qquad F_1 = \frac{2h}{a}P$$

$$F_3 - F_2 = P$$

부재 2, 3에 대한 내력은 현재의 자유물체도에서는 구할 수 없다. 이 부재의 내력을 구하기 위해 그림 3-18과 같이 추가 절단면 $p-q$에 대한 자유물체도에서 수직방향 부재의 내력을 구한 후 E점에 대한 절점법을 적용하여 부재 3의 내력을 구할 수 있을 것이다. 이와 같이 트러스 문제를 해결하기 위해서는 단면법과 절점법을 적절히 활용해야 한다.

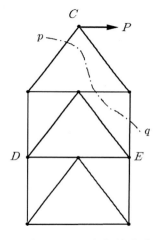

그림 3-18 단면법(예제)

예제 3-5 두 지점 F, G에서의 반력과 부재 DF, EF, EG의 내력을 구하라

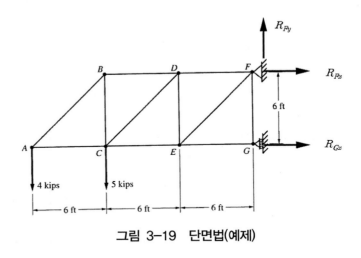

그림 3-19 단면법(예제)

풀이)

해당 부재의 내력을 구하기 위해 그림 3-20과 같이 m-m 위치에서 트러스를 좌우로 분리한 후 각 부재의 내력(인장력으로 가정)을 표시하였다. 아울러 경사진 방향의 내력은 수평분력과 수직분력으로 나누어 표기하였다.

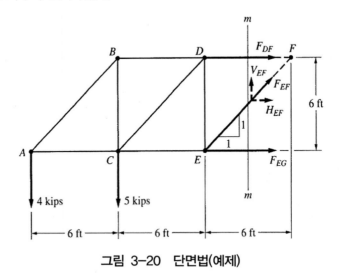

그림 3-20 단면법(예제)

힘의 평형 조건을 적용하면

$$\sum F_x = F_{DF} + H_{EF} + F_{EG} = F_{DF} + F_{EF} \cdot \frac{1}{\sqrt{2}} + F_{EG} = 0$$

$$\sum F_y = V_{EF} - 4 - 5 = F_{EF} \cdot \frac{1}{\sqrt{2}} - 9 = 0$$

$$\sum M_E = -6F_{DF} + 12 \cdot 4 + 6 \cdot 5 = 0$$

연립방정식으로부터

$$F_{EF} = 12.73 \; kips \; (인장)$$

$$F_{DF} = 13.0 \; kips \; (인장)$$

$$F_{EG} = -22.0 \; kips \; (압축)$$

절점 F와 G에 작용하는 힘의 평형 관계로부터 해당 지점에서의 반력을 구해보기로 한다.

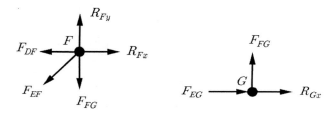

그림 3-21   단면법(예제)

절점 F에 작용하는 힘 중 F_{DF}와 F_{EF}는 인장하중을 받는 것으로 나타나 그림처럼 절점 F에서 멀어지는 방향으로 표시하였다. 절점에 대한 힘의 평형조건을 적용하면

$$\sum F_x = R_{Fx} - F_{DF} - F_{EF} \cdot \frac{1}{\sqrt{2}} = R_{Fx} - 13.0 - 12.73 \cdot \frac{1}{\sqrt{2}} = 0$$

$$\sum F_y = R_{Fy} - F_{FG} - F_{EF} \cdot \frac{1}{\sqrt{2}} = R_{Fy} - F_{FG} - 12.73 \cdot \frac{1}{\sqrt{2}} = 0$$

절점 G에 작용하는 힘 F_{EG}는 압축하중이므로 그림에서 절점을 향하는 것으로 표시했다.

$$\sum F_x = R_{Gx} + F_{EG} = R_{Gx} + 22 = 0$$

$$\sum F_y = F_{FG} = 0$$

방정식으로부터

$$F_{FG} = 0$$

$$R_{Gx} = -22.0 \; kips \; (\leftarrow) \qquad R_{Fx} = 22.0 \; kips \; (\rightarrow) \qquad R_{Fy} = 9.0 \; kips \; (\uparrow) \qquad \blacksquare$$

문제를 풀어가기 위해 미지력을 가정하는데 있어 방향과 물리적 하중의 의미(인장 또는 압축)를 정확히 분별하여 오류가 없도록 하는 것이 매우 중요하며, 이러한 것들은 많은 문제를 다루어봄으로서 명확하게 정립이 되어간다.

3.4 ⊏ Frame의 해석

그림 3-22와 같이 보통 핀으로 연결된 부재이지만 두 개 이상의 힘을 받는 부재, 즉 다중힘(multi force)부재를 포함하는 구조를 뼈대 구조물(pin connected members) 또는 프레임(frame)이라 한다.

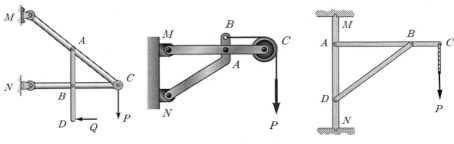

그림 3-22 뼈대 구조물

그림에 나타낸 대부분의 부재는 축력뿐만 아니라 축에 수직한 방향의 힘도 충분히 감당해야 함을 의미한다. 이상적인 트러스를 구성하는 부재는 축방향 하중만을 감당하는 것과 비교할 때, 프레임은 축하중과 함께 굽힘변형을 유발하는 전단하중과 굽힘하중도 감당하는 구조부재로 구분할 수 있다. 이러한 구조물의 해석은 개별 부재의 모든 절점에 작용하는 힘에 대한 평형방정식을 풀어서 부재의 내력을 구할 수 있다.

풀이 방법
1) 구조물을 개별 부재로 해체하고 각 부재에 대한 자유물체도를 그린다.
2) 부재의 연결 절점마다 부재에 작용하는 힘을 표시하되, 두 개의 연결된 부재를 각각 분리하여 힘을 나타낼 때는 반드시 힘의 작용-반작용 법칙이 성립하도록 힘의 방향을 표시하여야 한다.
3) 개개의 자유물체도에 대한 힘의 평형방정식을 수립한다.
4) 미지력의 값이 음(-)의 값이 나오면 부재에 작용하는 힘의 방향이 처음에 가정한 방향과 반대임을 의미한다.

그림 3-23과 같이 중간에 케이블로 연결된 사다리형 구조물이 외력 P 를 받는 경우를 생각해 보자. 먼저 구조물을 3개의 부재로 분리한다. 케이블 CD에는 장력 T 가 작용한다고 하자. 부재 ACE의 경우 절점 A, C, E에서 힘이 전달되므로 각 절점에서의 작용력을 가정한다. 단,

절점 C에서 작용하는 힘은 부재 CD를 통해서 전달되는 힘이므로 부재 BDE의 절점 D에서 가정한 힘과 크기가 같고 방향이 반대가 되도록 취해야 한다(케이블에 대한 평형조건을 만족시켜야 한다). 절점 A, E에서의 힘을 x, y 방향의 분력으로 나누어 생각하는 것이 향후 힘의 평형 조건을 이용한 방정식 풀이에 유리한 측면이 있다. 이어서 부재 BDE에 작용하는 힘을 알아보자. 외력 P를 일단 표시하고 절점 D에 작용하는 힘은 케이블에 작용하는 장력에 해당하므로 그림과 같이 표기하였다. 절점 E에 작용하는 힘 역시 부재 ACE로부터 전달되는 힘이므로 부재 ACE의 절점 E에서 가정한 힘과 크기가 같고 방향이 반대가 되도록 표기한다. 절점 B에서 작용하는 힘은 수직방향의 힘만 나타나므로 그림과 같이 y 방향으로 가정하였다. 이로써 두 부재에 대한 자유물체도가 완성되었다. 각 부재에 대한 힘과 모멘트에 대한 평형 조건을 적용하여 구한 방정식들을 연립하여 풀어서 각 절점에서의 미지력을 구할 수 있다.

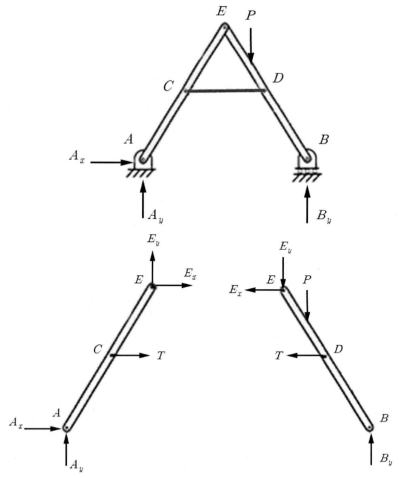

그림 3-23 뼈대 구조물의 해석

    그림 3-24와 같이 하중을 받는 구조부재의 절점에 작용하는 힘을 구해 보기로 한다. 자유물체도와 같이 각 부재의 절점에 작용하는 힘을 가정하기로 한다. 각 절점에 작용하는 힘의 방향을 유의하여 확인하기 바란다. 힘의 방향은 결과에 따라 판정하면 된다. (+) 값의 경우 처음 가정한 방향, (-) 값의 경우 반대방향으로 해석하면 된다. 자유물체도에 대한 힘과 모멘트의 평형조건을 적용하기로 한다. 먼저 부재 AC의 경우

$$A_x + C_x = 0$$

$$A_y + C_y - P = 0$$

$$cP + (d + e + f)C_x - aC_y = 0$$

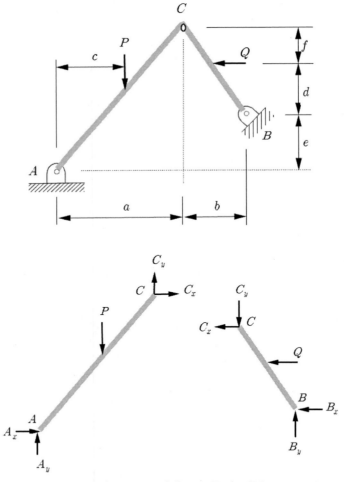

그림 3-24 뼈대 구조물의 해석

부재 BC의 경우

$$-B_x - C_x - Q = 0$$

$$B_y - C_y = 0$$

$$d Q + b C_y + (d+f) C_x = 0$$

이상의 연립방정식으로부터 부재의 절점에 대한 힘과 부재의 내력을 구할 수 있다.

예제 3-6 그림과 같이 두 개의 부재가 핀으로 연결되어 있는 상태에서 2000 N의 힘을 받고 있다. 각 절점에서의 힘을 구하라

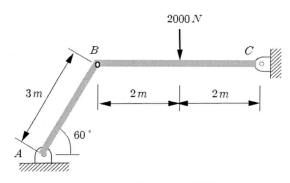

그림 3-25 뼈대 구조물(예제)

풀이)

1) 부재 AB를 두 힘 부재로 취급하는 경우

먼저 부재 AB를 살펴보면 hinge로 된 절점을 통해서만 힘이 전달이 되고 그 외의 하중은 없으므로 두 힘 부재가 된다. 따라서 부재 AB를 통해 부재 BC에 전달되는 힘은 절점 B에서 부재 AB의 길이 방향의 힘이 된다. 부재 BC는 역시 양 끝에 두 개의 hinge 절점만 있으나 중간에 2000 N의 외력이 있으므로 두 힘 부재가 될 수 없다.

부재 BC에 대한 자유물체도를 완성한 것이 그림 3-26과 같으므로 부재에 대한 힘의 평형조건을 적용하여 미지력을 구할 수 있다.

$$\sum F_x = F_{AB} \cos 60 - C_x = 0$$

$$\sum F_y = F_{AB} \sin 60 + C_y - 2000 = 0$$

$$\sum M_C = -4 F_{AB} \sin 60 + 2 \cdot 2000 = 0$$

이들 방정식을 풀어서

$$F_{AB} = 1155 \, N \, (압축) \qquad C_x = 577 \, N \, (\leftarrow) \qquad C_y = 1000 \, N \, (\uparrow)$$

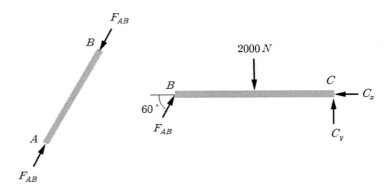

그림 3-26 뼈대 구조물(예제)

2) 두 힘 부재로 취급하지 않는 경우

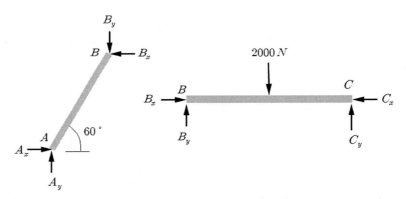

그림 3-27 뼈대 구조물(예제)

AB 부재가 두 힘 부재라는 것을 바로 깨닫지 못하고 일반 부재로 다루는 경우를 생각해 보기로 한다. 그림 3-27처럼 두 개 부재에 대한 자유물체도를 완성한다. AB 부재의 절점 A, B에 수평 분력과 수직분력을 함께 나타내었다. 각 부재에 대한 힘의 평형조건을 적용하자.
부재 AB의 경우

$$\sum F_x = A_x - B_x = 0$$

$$\sum F_y = A_y - B_y = 0$$

$$\sum M_A = B_x \cdot 3\sin 60 - B_y \cdot 3\cos 60 = 0$$

부재 BC의 경우

$$\sum F_x = B_x - C_x = 0$$

$$\sum F_y = B_y + C_y - 2000 = 0$$

$$\sum M_C = - B_y \cdot 4 + 2 \cdot 2000 = 0$$

이들 방정식을 풀면

$$A_y = B_y = C_y = 1000 \ N$$

$$A_x = B_x = C_x = B_y \cdot \frac{\cos 60}{\sin 60} = 577 \ N$$

$$F_{AB} = \sqrt{A_x{}^2 + A_y{}^2} = 1155 \ N \qquad \blacksquare$$

앞의 방법과 동일한 결과를 얻게 되는데 풀이 과정에서 부재 AB의 모멘트에 대한 평형조건을 추가로 사용하고 있음을 알 수 있다. 부재 AB에서 사용한 모멘트에 대한 평형조건이 두 힘 부재라는 조건을 만족시키는 조건이 된다. 이와 같이 부재의 성격을 즉시 알아내면 구조물의 해석과정이 좀 더 간단해지므로 보다 쉽게 해를 구할 수 있다.

예제 3-7 각 부재에 작용하는 힘을 구하라.

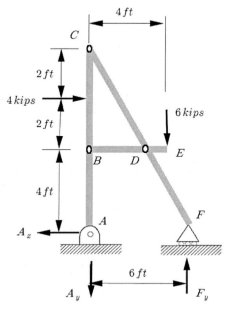

그림 3-28 뼈대 구조물(예제)

풀이)

　문제의 구조물을 개별 부재로 분리하여 각 부재에 대한 자유물체도를 그려서 각 절점에 미지력을 표시하기 전에 전체 구조물에 대한 자유물체도로부터 지지점의 반력을 쉽게 구할 수 있을 때는 반력의 크기와 방향을 미리 구하여 전체 미지력의 개수를 줄이는 것이 유리한 경우가 많다.

　본 문제를 풀기 위해 먼저 지지점 A, F에서의 반력을 먼저 구하기로 한다. 그림 3-28처럼 전체 구조물에 대한 자유물체도를 완성하였다. 지지점 A에서는 수평분력과 수직분력을 미지반력으로 표시하였고, 지지점 F에서는 수직반력만 표기하였다. 반력의 방향은 외력과 평형을 이루는 것을 고려하여 미지반력이 (+) 값으로 예상이 되는 방향으로 가정하였다. 미지력의 방향은 결과의 부호에 따라 확정이 되므로 어떻게 방향을 가정하여도 상관이 없음은 앞에서도 여러 차례 언급한 바와 같다.

$$\sum F_x = 4 - A_x = 0$$
$$\sum F_y = -A_y + F_y - 6 = 0$$
$$\sum M_A = F_y \cdot 6 - 4 \cdot 6 - 6 \cdot 4 = 0$$

방정식을 풀어 해를 구하면

$$A_x = 4.0 \; kips \; (\leftarrow) \qquad A_y = 2.0 \; kips \; (\downarrow) \qquad F_y = 8.0 \; kips \; (\uparrow)$$

개개 부재로 해체하여 각 부재에 대한 자유물체도를 완성한 것이 그림 3-29와 같다.

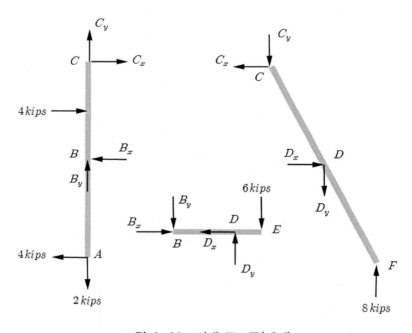

그림 3-29　뼈대 구조물(예제)

부재 BE로부터

$$\sum F_x = B_x - D_x = 0$$

$$\sum F_y = -B_y + D_y - 6 = 0$$

$$\sum M_B = D_y \cdot 3 - 6 \cdot 4 = 0$$

$$D_y = 8\ kips \qquad B_y = 2\ kips$$

부재 AC로부터

$$\sum F_x = -B_x + C_x + 4 - 4 = 0$$

$$\sum F_y = B_y + C_y - 2 = 0$$

$$\sum M_C = 4 \cdot 2 - B_x \cdot 4 - 4 \cdot 8 = 0$$

$$B_x = C_x = -6\ kips \qquad C_y = 0$$

부재 CF로부터

$$\sum F_x = -C_x + D_x = 0$$

$$\sum F_y = -C_y - D_y + 8 = 0$$

$$\sum M_C = D_x \cdot 4 - D_y \cdot 3 + 8 \cdot 6 = 0$$

$$D_x = -6\ kips$$

각 절점에 작용하는 힘을 구한 결과를 그림 3-30에 나타냈다. 앞서 구한 결과력의 부호가 (-)인 경우에는 힘의 방향을 반대로 나타냈음을 그림에서 확인할 수 있다.

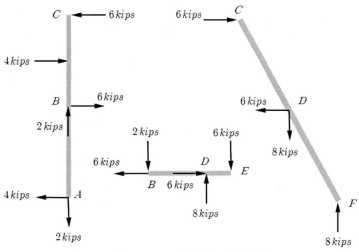

그림 3-30 뼈대 구조물(예제)

연습문제

문3-1 그림과 같이 길이가 같은 4개의 부재와 대각선 부재로 구성된 트러스 구조의 내력을 구하시오.

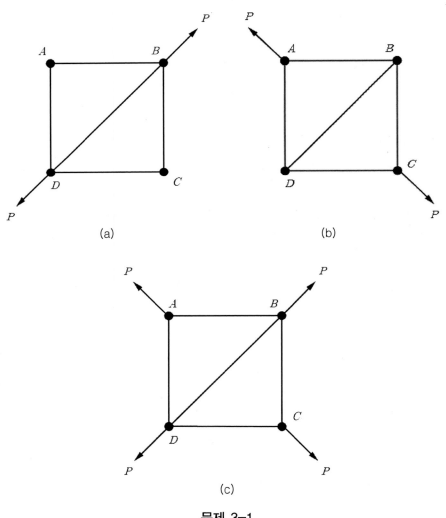

(a)

(b)

(c)

문제 3-1

문3-2~3 트러스 내부에 발생하는 힘과 반력을 절점법을 사용하여 구하라.

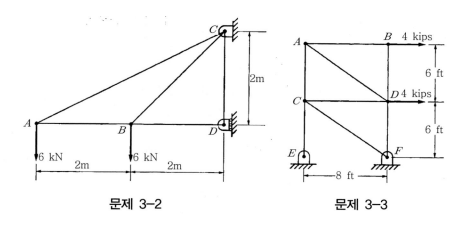

문제 3-2	문제 3-3

문3-4~7 그림과 같은 트러스가 외력을 받는다고 할 때 내력이 0(영)인 부재(무부하 부재)를 찾아내라. (부재의 내력을 계산하여 찾지 말고 직관에 의해 찾아볼 것)

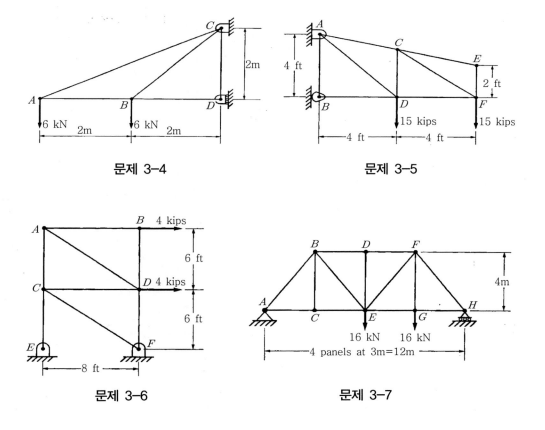

문제 3-4	문제 3-5

문제 3-6	문제 3-7

문3-8 부재 FH, GH, GI의 부재력을 구하라.

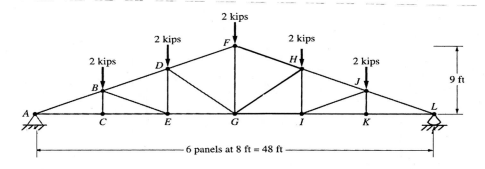

문제 3-8

문3-9 그림과 같은 트러스에서 단면법을 사용하여 부재 DF, EF, EG에 발생하는 힘을 구하라.

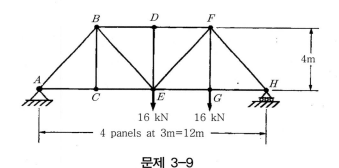

문제 3-9

문3-10 그림과 같은 트러스에서 단면법을 사용하여 부재 CE, CF, DF에 발생하는 힘을 구하라.

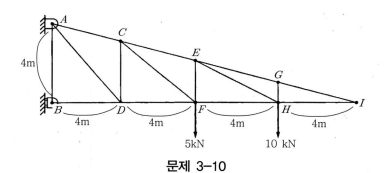

문제 3-10

문3-11 그림과 같이 아치 형태의 부재가 hinge로 연결되어 있는 상태에서 외력을 받고 있을 때 지지점 A, B에서의 반력을 구하라.

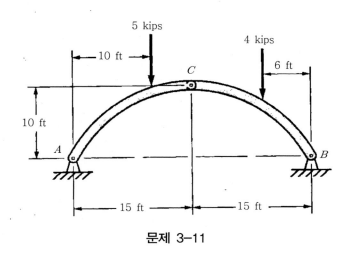

문제 3-11

문3-12 그림과 같은 구조물에서 절점 E에 발생한 힘과 반력을 구하시오.

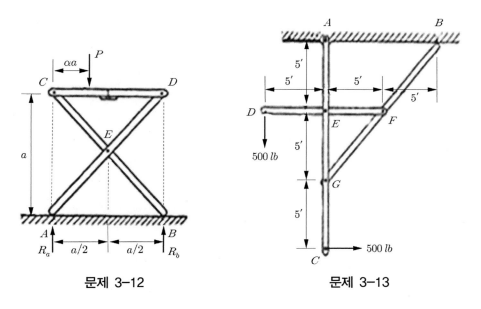

문제 3-12   문제 3-13

문3-13 그림과 같은 구조물에서 절점 E, F, G에 발생한 힘과 반력을 구하시오.

CHAPTER 04

응력과 변형률

4.1 수직응력과 변형률

단면 형상이 일정한 부재가 그림 4-1과 같이 양 끝에서 축방향 힘 P를 받는 경우 부재 내부를 통해 힘이 전달된다. 축에 수직한 단면을 생각해 보면 축력은 단면 전반에 고르게 분포되어 나타난다. 이러한 힘의 세기를 단위 면적당 힘의 크기로 표현할 수 있는데 이를 응력(stress)이라 하고 기호로 σ로 표현하며 다음과 같이 구할 수 있다.

$$\sigma = \frac{P}{A} \tag{4-1}$$

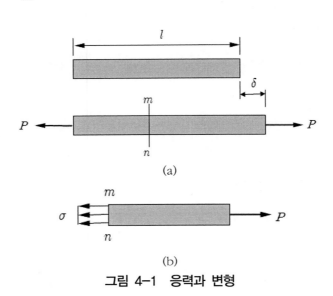

그림 4-1 응력과 변형

A는 부재의 단면적을 말하며 힘의 방향이 단면에 수직하기에 수직하중, 수직응력이라 부른다. 수직하중은 부재를 당겨서 길이가 늘어나는 인장하중과 부재를 압박해 길이를 감소시키는 압축하중으로 나누어 생각할 수 있다. 이에 대응한 응력을 인장응력과 압축응력이라 하며 통상 인장응력의 경우 (+), 압축응력의 경우 (-) 값을 사용하여 나타내기도 한다. 응력의 단위는 압력과 같이 $Pa(N/m^2)$, $MPa(10^6 Pa=N/mm^2)$, kg/mm^2, $psi(lb/in^2)$. $ksi(10^3 psi)$ 등으로 표현할 수 있다.

부재가 수직하중을 받으면 부재의 길이가 늘어나거나 감소하게 되는데 이때 발생한 길이의 변화량을 변형량이라 하고 기호 δ라 표현하기로 한다. 부재의 변형량을 부재 원래 길이 l로 나눈 값을 수직변형률(strain)이라 부르며 기호 ϵ로 표시하며 다음 식과 같이 정의한다.

$$\epsilon = \frac{\delta}{l} \qquad\qquad\qquad\qquad\qquad\qquad\qquad (4\text{-}2)$$

수직변형율은 인장변형률과 압축변형률로 나누어 생각할 수 있으며 무차원량으로 표현되므로 별도의 단위는 없다. 보통 인장변형률을 (+), 압축변형률 값을 (-) 값으로 표시한다.

예제 4-1 10*15mm의 직사각형 단면 형상이고 길이가 3m인 부재가 양 끝에서 15ton의 인장하중을 받아 길이가 1.5mm 늘어난 경우 응력과 변형률을 구하시오.

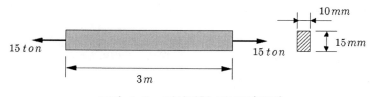

그림 4-2 직사각형 단면봉(예제)

풀이)

$$\sigma = \frac{P}{A} = \frac{15,000}{10 \times 15} = 100 \ kg/mm^2 \qquad (\text{인장})$$

$$\epsilon = \frac{\delta}{l} = \frac{1.5}{3000} = 0.0005 = 500 \times 10^{-6} \qquad (\text{신장}) \qquad \blacksquare$$

이 문제의 경우 변형률을 $500\mu\epsilon$(micro strain)이라 표현하기도 한다. 금속재료의 경우 변형률의 크기가 매우 작아 micro strain(10^{-6} strain) 크기로 종종 사용하기도 한다.

예제 4-2 반지름이 1in, 길이가 100in인 원형 봉재가 양단에서 10,000 lb의 압축하중을 받아 길이가 0.012in 줄어든 경우 응력과 변형률을 구하시오

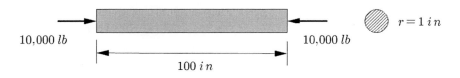

그림 4-3 원형 단면봉(예제)

풀이)

$$\sigma = \frac{P}{A} = \frac{10,000}{3.14 \times 1^2} = 3,183 \text{ psi} \qquad \text{(압축)}$$

$$\epsilon = \frac{\delta}{l} = \frac{0.012}{100} = 0.00012 = 120 \times 10^{-6} \qquad \text{(수축)} \qquad \blacksquare$$

4.2 전단응력과 전단변형률

그림 4-4와 같이 볼트로 두 개의 부재가 결합된 상태에서 힘을 받는 경우 볼트는 그림과 같은 하중을 받게 된다.

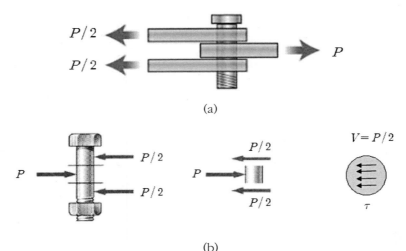

(a)

(b)

그림 4-4 볼트가 받는 전단하중과 전단응력

볼트의 일부를 절단한 자유물체도를 그려보면 그림과 같이 나타낼 수 있고 이로부터 볼트의 수직 절단면에는 단면 접선방향의 힘 V가 분포됨을 알 수 있다. 이와 같은 접선방향의 힘을 전단하중이라 하고 그 응력을 전단응력이라 하며 기호 τ로 표현하기로 한다.

이러한 전단하중이 단면에 균일하게 분포되었다는 가정 하에 전단응력은 다음과 같이 구할 수 있다.

$$\tau = \frac{V}{A} \tag{4-3}$$

전단응력을 좀 더 깊이 이해하기 위해 그림 4-5와 같이 부재 내에 존재하는 정육면체 형태의 자그마한 요소를 생각해보기로 한다.

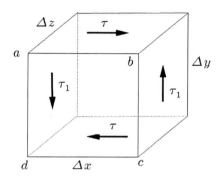

그림 4-5 전단응력의 특성

요소의 앞면과 뒷면에는 아무 응력이 작용하지 않고 전단응력 τ가 윗면에 작용하는 경우 수평방향으로 힘의 평형이 이루어지려면 아랫면에 반대방향의 전단응력이 존재해야 한다. 즉 윗면과 똑같은 크기의 전단력이 아랫면에 반대방향으로 발생하게 된다. 또한 윗면과 아랫면에 존재하는 전단력은 요소에 시계방향의 모멘트를 발생시킨다. 요소가 모멘트에 대한 평형을 만족시키기 위해서는 반시계방향의 회전력이 필요하게 되는데 이를 발생시키기 위해서는 요소의 왼쪽 면과 오른쪽 면에 그림과 같은 전단력이 필요하게 된다. 이로 인해 두 면에 전단응력 τ_1이 발생하는데 모멘트 평형조건을 적용하면 $\tau = \tau_1$이 되어 육면체 주위의 4면에는 동일한 크기의 전단응력이 그림과 같은 방향으로 발생하게 된다. 결국 요소 한쪽 면에 발생한 전단응력과 똑같은 크기의 전단응력이 요소 반대쪽 면에서 반대방향으로 작용하고 두 면에 수직인 두 단면에도 동일한 크기의 전단응력(공액전단응력이라 부르기도 함)이 발생하고 방향은 윗면 또는 아랫면에 발생한 전단응력이 향하는 모서리를 향하게 된다.

전단하중을 받게 되면 그림 4-6과 같이 길이 l인 부재가 찌그러지는 형태로 변형되는데 전단하중 방향으로 변위 δ만큼 이동하게 된다. 이러한 전단변형에 대한 변형률을 전단변형률이라 하며 다음 식으로 구할 수 있다.

$$\gamma = \frac{\delta}{l} \tag{4-4}$$

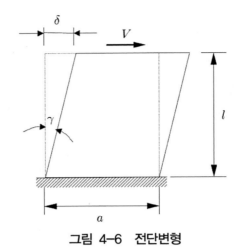

그림 4-6 전단변형

변위 δ는 길이 l과 비교하면 매우 작은 크기이므로 전단변형률은 결국 직사각형이 그림과 같이 전단변형률에 해당하는 각도만큼 찌그러지는 것이므로 이를 전단각이라 부르기도 하며 각도는 라디안(radian)으로 표현되는 양이다.

$$\tan\gamma \approx \gamma = \frac{\delta}{l}$$

예제 4-3 그림과 같이 두 부재가 볼트로 결합되어 부재의 양끝에서 800kg의 인장력이 작용할 때 볼트에 발생하는 전단응력의 크기는 얼마인가?, 단 볼트의 지름은 3mm이다.

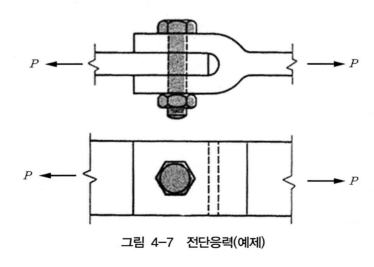

그림 4-7 전단응력(예제)

풀이)

볼트의 윗부분과 아래 부분 두 곳에 전단면이 존재하므로 볼트의 단면적을 A라 할 때 전단응력
은 다음과 같이 구할 수 있다.

$$\tau = \frac{P}{2A} = \frac{800}{2 \times \frac{\pi \times 3^2}{4}} = 56.6\,kg/mm^2 \qquad\qquad ∎$$

그림 4-8과 같이 볼트나, 핀, 리벳 등으로 부재가 결합된 경우 힘의 전달은 그림에 나타낸
것처럼 체결구와 부재의 접촉면에서 서로 주고받는 압력의 형태로 전달된다. 접촉면의 압력
분포 형태를 정확하게 구하는 것은 쉽지 않지만 그림에 보인 것과 유사하리라 생각할 수 있다.
그림에 보인 것처럼 부재 접촉면에 발생하는 압력을 작용 압력이라 하면, 볼트 접촉면에 발생하
는 압력은 동일한 크기와 분포를 가지는 반작용 압력이라 할 수 있다. 체결구로 결합된 구조물
의 안전을 확인하는 방법으로는 부재와 볼트가 서로 접촉된 부분의 압력을 다음과 같이 평균응
력으로 구한 값을 사용한다.

$$\sigma_{brg} = \frac{F_{brg}}{A_{brg}}$$

$$\sigma_{brgA} = \frac{P}{Dt_A} \qquad (\text{부재 A})$$

$$\sigma_{brgB} = \frac{P/2}{Dt_B} \qquad (\text{부재 B})$$

이러한 응력을 지압응력(bearing stress)이라 하며 부재 재질에 따른 허용강도를 기준으로
체결부의 안전성을 확인하게 된다.

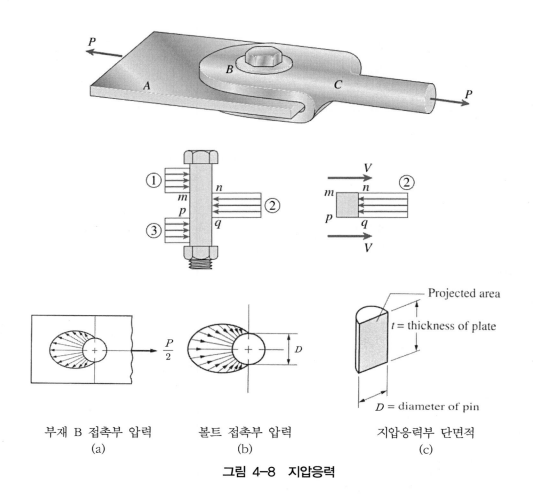

부재 B 접촉부 압력
(a)

볼트 접촉부 압력
(b)

지압응력부 단면적
(c)

그림 4-8 지압응력

예제 4-4 그림과 같이 총 6개의 리벳으로 결합된 구조물에 발생한 지압응력을 구하시오.
양단에 가해진 하중은 900kg, 리벳의 지름은 4mm, A 부재의 두께는 3mm, B 부재의
두께는 2mm라고 한다.

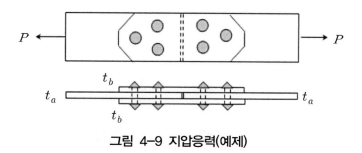

그림 4-9 지압응력(예제)

풀이)

B 부재가 A 부재의 상부와 하부 두 곳에 결합되므로 A 부재와 접촉되는 곳의 리벳에는 300kg,
B 부재와 접촉되는 곳은 상부와 하부에 각각 150kg의 베어링하중이 발생하므로 각 부재에
발생하는 지압응력은 다음과 같다.

A 부재의 경우

$$\sigma_{brgA} = \frac{900/3}{4 \times 3} = 25.0\,kg/mm^2$$

B 부재의 경우

$$\sigma_{brgB} = \frac{900/6}{4 \times 2} = 18.75\,kg/mm^2$$

4.3 응력-변형률 선도

재료시험을 통해 재료의 기계적 성질을 구하여 공학에서 사용하게 된다. 재료시험은 그림
4-10과 같은 시험기를 사용하여 재료에 가해진 힘과 변형량의 크기를 측정하여 이들로부터
응력과 변형률을 구하여 응력과 변형률 사이의 관계를 알아보는 것이다. 인장시험은 시험기에
시편을 걸고 아주 조금씩 시편에 부가되는 하중을 증가시키면서 매 순간 가해진 응력과 변형률
을 측정하여 둘 사이의 관계를 그림 4-11과 같은 응력-변형률선도 형태로 구할 수 있다. 이
때 사용한 응력의 크기는 부재에 가한 하중을 부재의 초기 단면적으로 나눈 공칭응력(nominal
stress)을 사용하게 된다. 변형률은 시편에서 기준이 되는 지점의 거리를 측정한 후 하중이
부가됨에 따라 기준거리의 변화량으로부터 변형률을 계산하여 구해진다.

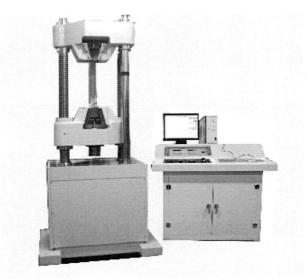

그림 4-10 재료시험기

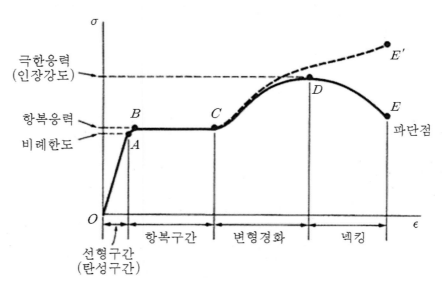

그림 4-11 연강의 응력-변형률 선도

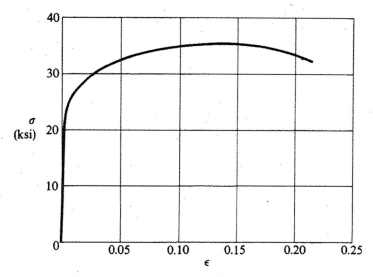

그림 4-12 알루미늄합금의 응력-변형률 선도

등방성(isotropic, 모든 방향에 대해 동일한 특성을 가지는 것)이고 균질한(homogeneous) 재료의 경우 그림 4-11과 같이 구해진 응력-변형률선도로부터 재료의 기계적 성질을 알 수 있는데, 그림에서 직선으로 표시되는 OA 구간은 하중이 증가함에 따라 변형이 비례해서 증가 하는 구간인데 이 구간을 비례구간(선형구간)이라 부르며 그 한계응력을 비례한도라 부른다. 비례한도를 넘어 점차로 증가하다 응력의 변화가 거의 없는데도 변형률이 급격히 증가하는 구간(BC 구간)이 나타나는데 이러한 거동을 재료의 항복(yielding) 거동이라 하며 이 응력을 항복응력 또는 항복강도라 한다. C점을 지나면 다시 하중과 변형률이 증가하여 최고치 D점을 지나서 E점에 이르러 마침내 파단에 이르게 된다. 응력의 최고치 D점의 응력을 극한응력 (ultimate stress) 또는 재료의 인장강도(tensile strength)라 한다. 그림 4-11은 구조용 강철로 널리 쓰이는 연강의 경우이고 그림 4-12는 알루미늄과 같이 연성이 풍부한 소재, 그림 4-13은 취성이 강한 소재의 경우에 대한 전형적인 응력-변형률선도이다. 연성 재료의 경우 파단에 이르기까지 충분히 많은 변형이 나타나는데 비해 취성재료는 변형이 적은 상태에서 응력이 커지다 파단에 이르는 거동을 보인다. 철강재료의 경우 통상 강도가 커질수록 취성이 강한 거동을 보이게 된다.

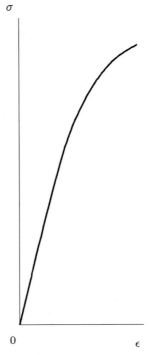

그림 4-13 취성재료의 응력-변형률 선도

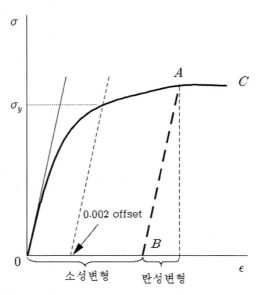

그림 4-14 Offset 방법에 의한 항복강도

알루미늄과 같은 거동을 보이는 경우 재료의 항복점이 뚜렷하게 드러나지 않는다. 이러한 경우 항복강도는 그림 4-14에 나타낸 것처럼 0.2% offset된 지점에서 비례구간과 평행한 직선을 그었을 때 응력-변형률선도와 만나는 지점에 대한 값 σ_y를 사용한다.

부재가 힘을 받으면 변형되었다가 가해진 힘이 없어지면 원래의 상태로 복원되는 거동을 탄성거동이라 하고 원래의 상태로 완전히 복원되지 못하고 일부 변형이 잔류되는 것을 소성변형이라 한다. 그림 4-14에 보인 것처럼 부재가 항복강도를 지나 A점에 이른 후 하중을 제거하면 응력은 AB 선(원점에서 그은 접선과 평행한 선)을 따라 감소한다. 결국 부재에는 0B만큼의 잔류변형(소성변형)이 남게 된다. 이때 탄성계수에 해당하는 만큼 복원되는 변형을 탄성변형이라 한다. 부재에 다시 하중을 가하면 AB 직선을 따라 응력이 증가하다 A점에 이른 후에는 C점을 향해 진행하게 된다.

구조용강의 응력-변형률 선도를 보면 시편은 인장강도 이후에도 계속 늘어나며 응력이 떨어지는 구간이 계속되는데 이것은 인장시험의 방법에 따른 것이다. 통상 인장시험은 시험기에 가하는 하중의 크기를 계속 증가시키는 방식(응력조절 방식)보다는 시편의 변형량을 지속적으로 증가시키는 방식(변형률조절 방식)을 적용한다. 하중조절방식의 경우 항복강도에 이르면 갑작스런 변형의 증가가 발생하게 되고 인장하중에 이르면 급속도로 신장되다 파괴에 이르는 데 비해 변형률조절 방식을 적용하면 변형량에 따른 하중의 변화를 보다 잘 인지할 수 있기 때문이다. 변형률조절방식으로 시험을 하다 보니 인장강도에 이르는 변형이 발생해 하중은 최고치에 이르렀어도 재료는 파단되지 않고 추가로 더 늘어날 여지가 있다는 것이다. 다만, 변형이 급속히 이루어지는 동안 시편 단면적의 감소량이 점차로 커지는 현상이 나타나게 된다.

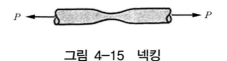

그림 4-15 넥킹

그림 4-15와 같이 연성재료의 시편 중앙부가 잘록해지는 넥킹(necking)현상이 발생한다. 단면적이 감소하면서 시편에 부가된 하중도 감소하게 되어 그림 4-11처럼 공칭응력이 감소하게 된다. 그런데 응력을 계산하는데 사용한 시편의 단면적은 하중 부가 전 초기 단면적을 사용하여 구한 값(공칭응력)이다. 만일 단면의 감소를 반영하기 위해 실제 단면적을 사용하여 구한 응력(진응력, true stress)을 적용하여 구한 응력에 따른 변형률의 그래프가 그림 4-11의 점선으로 표시되었다. 그림에서 보는 바와 같이 재료의 진응력은 재료가 변형되는 동안 지속적으로 증가하다 파괴에 이르게 된다.

인장시험을 통해 얻을 수 있는 재료의 기계적 특성으로 연신율(ϵ_f)과 단면수축률(ψ)이 있는데, 다음과 같이 정의된다.

$$\epsilon_f = \frac{l_f - l_0}{l_0} \times 100 \, (\%) \tag{4-5}$$

$$\psi = \frac{A - A_f}{A} \times 100 \, (\%) \tag{4-6}$$

식에서 하첨자, 'f'는 파단 시점을 의미하고, 하첨자, '0'는 초기 상태를 의미한다. 강의 경우 연신율은 10~40% 정도인데, 강도가 강한 소재일수록 취성이 강하기 때문에 연신율은 작은 값을 보이고, 약한 강도의 소재는 연성이 좋아 연신율이 큰 값을 보인다.

4.4 ⸬ Hooke의 법칙

영국의 유명한 과학자 Robert Hooke는 힘을 받는 부재의 거동에 대해 각종 시험을 통해 관찰하고, 힘의 크기에 따른 재료의 변형량을 측정하여 분석하면서 힘과 변형량 사이에 비례관계가 있음을 발견하였다. 그림 4-16과 같이 부재가 인장하중 P를 받았을 때 변형량을 δ라 하면 다음과 같은 관계가 성립한다.

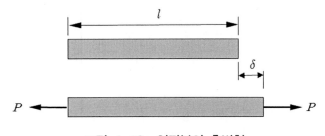

그림 4-16 인장봉의 축변형

$$P = k\delta$$

k는 비례상수로 스프링 상수라 부르는 양이다. 이 식에서 힘을 부재의 단면적 A로 변형량을 원래 길이 l로 나누면 다음과 같은 형태의 식을 구할 수 있다.

$$\sigma = E\epsilon \tag{4-7}$$

여기서, E는 재료의 탄성계수라 하며 탄성계수의 개념을 도입한 영국의 과학자 Thomas Young의 이름을 따 Young 계수(Young's modulus)라고도 한다. 탄성계수는 그림 4-11과 같이 재료의 인장시험으로부터 구한 응력-변형률 선도에 나타난 곡선에서 직선구간의 기울기에 해당한다. 알루미늄과 같이 직선구간이 뚜렷하게 나타나지 않은 경우 그림 4-17과 같이 곡선의 원점에서 접선을 그린 후 접선의 기울기를 탄성계수로 취한다.

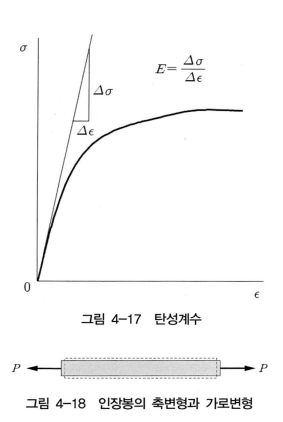

그림 4-17 탄성계수

그림 4-18 인장봉의 축변형과 가로변형

부재가 하중을 받아 길이가 증가하는 동안 폭 방향으로는 그림 4-18과 같이 수축하는 거동을 보이게 되므로 폭 방향으로의 변형률도 정의할 수 있다. 하중방향의 변형률을 축방향 변형률(또는 길이방향 변형률, 종변형률), 폭 방향의 변형률을 가로방향 변형률(횡변형률)이라하고 둘 사이의 비를 포아송비(Poisson's ratio)라 부르는데 재료에 따라 일정한 값을 보인다. 포아송비 ν는 다음과 같이 정의한다.

$$\nu = -\frac{\text{가로방향변형률}}{\text{축방향변형률}} \tag{4-8}$$

식에서 (-) 부호를 붙인 것은 통상 두 방향의 변형률 중 하나가 (+)이면, 대응하는 다른 하나는 (-) 값을 가지기 때문에 항상 양수 값을 가지도록 하기 위함이다. 보통 금속재료의 포아송비는 0.3 내외의 값을 가진다.

그림과 같이 부재가 3 방향으로 응력을 받아 변형하는 경우를 생각해 보기로 한다. 요소의 각 변의 길이가 '1'인 경우에 응력으로 인한 체적의 변화량을 생각해 보기로 한다. 체적의 변화는 $\Delta V = (1+\epsilon_x)(1+\epsilon_y)(1+\epsilon_z) - 1$이고, $\epsilon \ll 1$이므로 고차항을 무시하면, $\Delta V \approx \epsilon_x + \epsilon_y + \epsilon_z$이 된다. 따라서 체적 변형률은 다음과 같이 표현할 수 있다.

$$\epsilon_v = \frac{\Delta V}{V} = \epsilon_x + \epsilon_y + \epsilon_z \tag{4-9}$$

그림과 같은 응력 상태에서 각 방향의 변형률은 $\epsilon_x = \frac{\sigma_x}{E} - \frac{\nu\sigma_y + \nu\sigma_z}{E}$ 의 형태로 표현할 수 있다. 만일, $\sigma_x = \sigma_y = \sigma_z = \sigma_0$ 인 경우라면, $\epsilon_x = \epsilon_y = \epsilon_z = \frac{\sigma_0}{E}(1-2\nu)$ 가 된다. 이 경우 체적변형률은 $\epsilon_v = \epsilon_x + \epsilon_y + \epsilon_z = \frac{3\sigma_0}{E}(1-2\nu)$ 로 나타낼 수 있다. 이것은 체적탄성계수, K를 사용하여 다음과 같이 표현할 수 있다.

$$\epsilon_v = \frac{\sigma_0}{K}, \qquad K = \frac{E}{3(1-2\nu)} \tag{4-10}$$

만일, 포아송 비가 $\nu = 1/3$이면 $K = E$이 되고, $\nu = 0$이면 $K = E/3$이 된다. $\nu = 0.5$이면 $K \to \infty$ 가 되어 체적의 변화가 없는 강체에 해당하므로 포아송비의 이론적 최대치는 0.5가 된다.

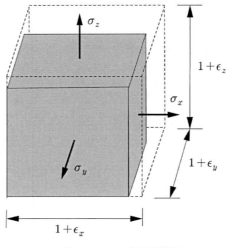

그림 4-19 체적변형률

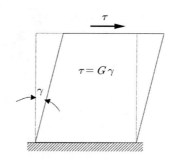

그림 4-20   전단응력과 전단변형

수직응력과 변형률 사이에 비례관계가 나타나는 것처럼 전단응력과 전단변형률 사이에서도 비례관계가 성립하며 다음과 같은 식으로 표현된다. 식에서 G로 표현되는 값을 전단탄성계수라 부른다.

$$\tau = G\gamma \tag{4-11}$$

수직탄성계수(통상 탄성계수라 칭함)와 전단탄성계수, 포아송 비 사이에는 다음의 관계가 성립한다.

$$G = \frac{E}{2(1+\nu)} \tag{4-12}$$

각종 재료에 대한 기계적 성질에 대한 값을 표 4-1에 나타냈다.

표 1-1 기계적 성질

재료	탄성계수 ksi (GPa)	전단탄성계수 ksi (MPa)	포아송비	항복강도 ksi (MPa)	극한강도 ksi (MPa)	열팽창계수 10^{-6}/°F (10^{-6}/℃)
순수알루미늄	10,000 (70)	3,800 (26)	0.33	3 (20)	10 (70)	13 (23)
알루미늄합금 (2014-T6)	10,600 (73)	4,000 (28)	0.33	60 (410)	70 (480)	13 (23)
알루미늄합금 (6061-T6)	10,000 (70)	3,800 (26)	0.33	40 (270)	45 (310)	13 (23)
알루미늄합금 (7075-T6)	10,400 (72)	3,900 (27)	0.33	70 (480)	80 (550)	13 (23)
철강 (구조용강)	28,000~30,000 (190~210)	10,800~11,800 (75~80)	0.27~0.30	30~100 (200~700)	50~120 (340~830)	6.5 (12)
철강 (고강도강)				50~150 (340~1,000)	80~180 (550~1,200)	8.0 (14)
철강 (stainless)				40~100 (280~700)	60~150 (400~1,000)	9.6 (17)
티타늄합금	15,000~17,000 (100~120)	5,600~6,400 (39~44)	0.33	110~130 (760~900)	130~140 (900~970)	4.5~5.5 (8~10)

4.5 허용응력과 안전계수

모든 구조 부재는 설계 하중을 감당할 수 있는 강도를 가져야 할 뿐만 아니라 과도한 변형으로 인해 구조물 본연의 역할을 수행하는데 지장이 없을 정도의 강성을 확보하도록 설계되어져야 한다.

구조물의 파괴를 방지하기 위해서는 구조물이 감당할 수 있는 하중의 크기가 실제로 부재에 가해지는 최대 하중보다 커야 한다. 즉, 부재의 강도가 요구되는 강도보다 커야 한다는 것을 말하며, 이 둘 사이의 비를 안전계수(safty factor)라 한다.

$$\text{안 전 계 수}, \ n = \frac{\text{부재의 강도}}{\text{요구 되는 강도}} = \frac{\text{부재가 견딜 수 있는 하중}}{\text{부재에 걸리는 최대하중}} \qquad (4\text{-}13)$$

안전계수는 당연히 1.0보다 커야하며 구조물의 종류에 따라 적절한 값을 사용하게 된다. 안전계수를 결정할 때는 과하중(overload)의 확률, 하중의 형태(정적하중, 동적하중, 피로하중), 재료의 기계적 성질의 변화, 부식이나 환경의 영향, 해석방법의 정확성, 사고에 따른 피해의 규모 등을 고려해야 한다. 실제 안전계수를 정하는데 있어 구조물의 설계방식에 따라 서로 다르게 적용될 수도 있다. 예를 들어 구조물의 항복으로 인한 영구변형을 허용하지 않는 경우는 항복강도를 기준으로 다음과 같이 정할 수 있다.

$$\text{안전계수, } n = \frac{\text{항복강도}}{\text{허용응력}}, \qquad \text{허용응력} = \frac{\text{항복강도}}{\text{안전계수}} \qquad (4\text{-}14)$$

또 다른 경우 하중이 부가되었을 때 구조물의 파단과 같은 파괴를 방지하도록 하는 설계에서는 기준강도를 극한강도(인장강도)로 취하여 다음과 같이 정할 수 있다.

$$\text{안전계수, } n = \frac{\text{극한강도}}{\text{허용응력}} = \frac{\text{인장강도}}{\text{최대 부가응력}} \qquad (4\text{-}15)$$

항공기 설계에서는 안전여유(margin of safety, M.S.)를 적용하는 경우가 많은데 이것은 안전계수에서 1을 뺀 값과 같다.

$$\text{안전여유, } M.S. = \text{안전계수} - 1 \qquad (4\text{-}16)$$

안전여유의 물리적 의미는 다음과 같은 식을 통해 부재가 감당해야 할 하중보다 감당할 수 있는 하중이 얼마만큼 더 견딜 수 있는 여유가 있는가를 말해주는 것으로 그림 4-21을 통해 이해할 수 있다.

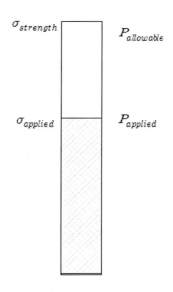

$$MS = \frac{P_{allowable} - P_{applied}}{P_{applied}} = \frac{P_{allowable}}{P_{applied}} - 1$$

$$MS = \frac{\sigma_{strength} - \sigma_{applied}}{\sigma_{applied}} = \frac{\sigma_{strength}}{\sigma_{applied}} - 1$$

그림 4-21 안전여유(margin of safety)

$$안전여유, M.S. = \frac{부재가 감당할수 있는 하중 - 부재가 감당해야 할 하중}{부재가 감당해야 할 하중}$$

$$= \frac{부재가 감당할 수 있는 하중}{부재가 감당해야 할 하중} - 1$$

(4-17)

따라서 안전여유는 반드시 '0'보다 큰 값을 가져야 하며, (-) 값을 가지는 경우 구조물은 사용 중 파괴될 것으로 간주된다.

예제 4-5 철골 구조물로 만들어진 빌딩에서 철강의 항복강도가 300MPa이고 안전계수를 2.5로 취했을 때 철골구조부재의 허용응력은 얼마인가?

풀이)

$$허용응력 = \frac{기준강도}{안전계수} = \frac{항복강도}{안전계수} = \frac{300}{2.5} = 120 \; MPa$$ ■

예제 4-6 그림과 같이 두 개의 부재가 볼트로 결합되었을 때, 하중이 $P=36$kN, 볼트의 전단강도는 500MPa, 안전계수를 2.0으로 할 때 볼트의 직경은 최소 얼마로 해야 하는가?

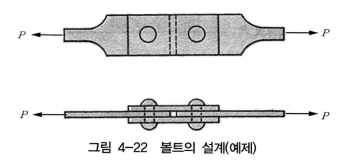

그림 4-22 볼트의 설계(예제)

풀이)
볼트는 두 면에서 전단력을 받으므로 볼트에 발생한 전단응력은 다음과 같이 구할 수 있다.

$$\tau = \frac{P}{2A} = \frac{P}{2 \times \frac{\pi D^2}{4}} = \frac{2P}{\pi D^2}$$

볼트의 허용응력은

$$\tau_{allow} = \frac{항복강도}{안전계수} = \frac{500}{2} = 250\ MPa = 250\ N/mm^2$$

볼트에 걸리는 응력의 최대값이 허용응력을 초과해서는 안되므로 $\tau = \tau_{allow}$ 조건을 적용하면

$$\tau = \frac{2P}{\pi D^2} = \frac{2 \times 36,000}{\pi D^2} = 250 = \tau_{allow}$$

$$D = \sqrt{\frac{2 \times 36,000}{\pi \times 250}} = 9.6\ mm \qquad\qquad ∎$$

연습문제

문4-1 지름이 2cm인 원형 봉이 5000kg의 인장하중을 받고 있을 때 부재에 발생한 응력의 크기는 얼마인가?

문4-2 단면이 정사각형인 기둥에 압축하중이 7000kg 작용하고 있다. 기둥의 허용강도가 $60kg/mm^2$일 때, 한 변의 길이는 얼마로 설계해야 하는가?

문4-3 그림과 같은 두 구조물에 각각 1000kg의 하중이 가해질 때 지지점에서의 반력을 구하고 각 부재에 발생하는 응력의 크기를 구하시오. 단, 모든 부재는 한 변의 길이가 2mm인 정사각형 단면이다.

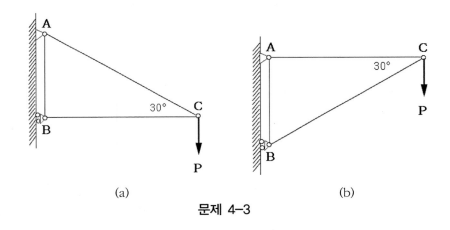

(a)   (b)

문제 4-3

문4-4 그림과 같이 총 6개의 리벳으로 연결된 구조물이 2000kg의 인장하중을 받고 있다. 리벳에 발생하는 전단응력의 크기는 얼마인가? 단, 리벳의 지름은 5mm이다.

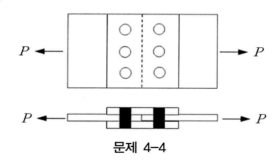

문제 4-4

문4-5 그림과 같이 6개의 리벳으로 두 부재를 연결하려 한다. 부재가 3000kg의 인장하중을 받고 있다. 리벳의 전단강도가 $23kg/mm^2$이라면 리벳의 지름을 얼마로 해야 하는 가?

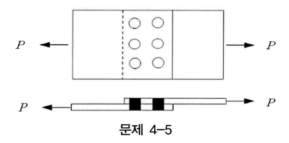

문제 4-5

문4-6 그림과 같이 펀치를 사용하여 0.3in 두께의 판재에 지름 0.5in의 원형 구멍을 뚫으려 할 때 펀치에 가할 힘의 크기는 얼마인가? 단, 판재의 전단강도는 35ksi이다.

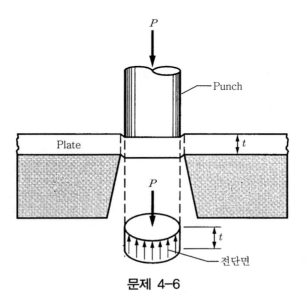

문제 4-6

문4-7 그림은 강재 시편의 인장시험으로부터 얻은 결과이다. 부재의 인장강도, 항복강도, 탄성계수를 구하시오.

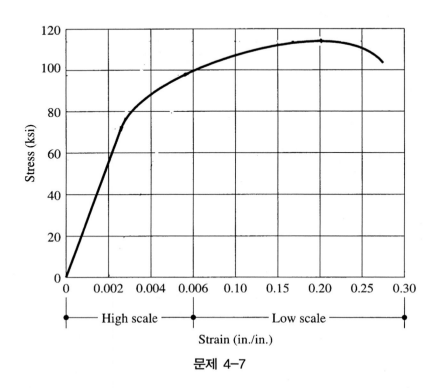

문제 4-7

문4-8 원형 강봉이 75kN의 인장하중을 받고 있다. 강봉의 인장강도는 500MPa이고, 안전계수는 2.5로 설계되어야 한다. 강봉의 지름은 얼마로 해야 하는가?

CHAPTER 05

축 하중 부재

5.1 ⁝ 개요

한쪽 방향의 길이가 매우 긴 부재가 길이방향으로 하중을 받을 때 이를 축력이라 하며 인장과 압축의 두 가지 종류가 있다. 축력만을 받는 부재를 이상적인 축하중 부재(axially loaded member)라 한다. 이러한 유형의 부재들로 이루어진 대표적인 구조물이 트러스 구조 형태이며, 엔진의 커넥팅 로드, 교량의 교각, 건축물의 기둥이 이에 해당할 수 있다.

축하중 부재의 단면은 그림 5-1에 보인 것처럼 원형, 사각형의 기본적인 형태와 여건에 맞도록 적절한 형상을 다양하게 설계하여 사용한다.

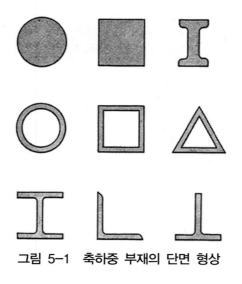

그림 5-1 축하중 부재의 단면 형상

5.2 ⁝ 축하중 부재의 거동

길이가 l 인 축하중 부재가 그림 5-2와 같이 인장하중을 받으면 길이 방향으로 δ 만큼 늘어나게 된다. 힘의 크기에 따른 변형량의 크기는 다음과 같이 구할 수 있다. 부재의 단면적이 A, 탄성계수를 E라고 하면 부재에 발생한 응력은 $\sigma = \dfrac{P}{A}$, 변형률은 $\epsilon = \dfrac{\delta}{l}$ 로 나타나고, 부재가 선형탄성범위에서 거동을 한다면 Hooke의 법칙이 성립하게 되므로, $\sigma = E\epsilon$ 의 관계가 성립한다. 이 식에 응력과 변형률을 대입하면, $\dfrac{P}{A}=E\dfrac{\delta}{l}$이므로 이를 정리하면 변형량 δ를 다음과 같이 구할 수 있다.

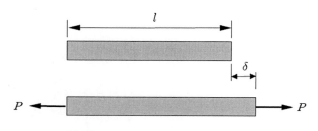

그림 5-2 축하중에 의한 부재의 변형

$$\delta = \dfrac{Pl}{EA} \tag{5-1}$$

그림 5-3과 같이 스프링이 힘 P를 받아 길이가 δ만큼 늘어났을 때, 힘과 변형 사이의 관계를 스프링 상수 k를 사용하여 $P=k\delta$로 표현할 수 있는데, 축하중부재의 경우 스프링과 동일한 거동을 보임을 알 수 있다. 축하중 부재의 거동에서 스프링상수 k에 해당하는 값은 다음과 같이 표현되며 이를 강성도(stiffness)라 한다.

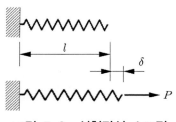

그림 5-3 선형탄성 스프링

$$k = \dfrac{EA}{l} \tag{5-2}$$

식에서 EA로 표현되는 물리량을 축강성(axial rigidity)이라 한다. 따라서 강성이 큰 부재일 수록 하중에 따른 변형이 적게 나타난다. 변형을 억제해야 하는 구조물을 설계하고자 하는 경우 강성이 크도록 구조물의 형태를 결정해야 함을 알 수 있다.

그림 5-4와 같이 단면적이 A이고, 탄성계수가 E인 부재에 여러 개의 축하중이 작용하는 경우에는 내부하중이 일정한 구간별로 나누어 응력과 변형률을 구할 수 있고, 각 구간의 변형량을 모두 합산하여 전 구간의 변형량을 구할 수 있다.

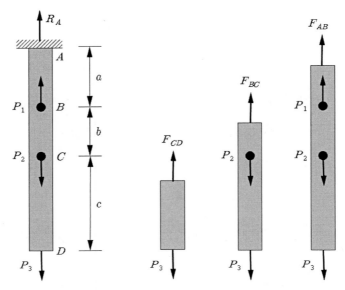

그림 5-4 여러 개의 축하중이 작용하는 경우

A 지점에서의 반력을 R_A 라 하고 힘의 평형 조건을 적용하면

$$\sum F = R_A + P_1 - P_2 - P_3 = 0$$

$$R_A = -P_1 + P_2 + P_3$$

구간을 AB, BC, CD 구간으로 나누어 각 구간에 대한 자유물체도에 힘의 평형조건을 적용하면 각 구간에서의 내력 F_{AB}, F_{BC}, F_{CD} 를 구할 수 있으며 구간별 길이를 l_{AB}, l_{BC}, l_{CD} 라 하고 구간별로 응력과 변형량을 다음과 같이 구할 수 있다. 구간 AB의 경우

$$\sum F = F_{AB} + P_1 - P_2 - P_3 = 0$$

$$F_{AB} = -P_1 + P_2 + P_3$$

$$\sigma_{AB} = \frac{F_{AB}}{A} = \frac{-P_1 + P_2 + P_3}{A}$$

$$\epsilon_{AB} = \frac{\sigma_{AB}}{E} = \frac{-P_1 + P_2 + P_3}{EA}$$

$$\delta_{AB} = \frac{F_{AB}\, l_{AB}}{EA} = \frac{(-P_1 + P_2 + P_3)\, l_{AB}}{EA}$$

구간 BC의 경우

$$\sum F = F_{BC} - P_2 - P_3 = 0$$

$$F_{BC} = P_2 + P_3$$

$$\sigma_{BC} = \frac{F_{BC}}{A} = \frac{P_2 + P_3}{A}$$

$$\epsilon_{BC} = \frac{\sigma_{BC}}{E} = \frac{P_2 + P_3}{EA}$$

$$\delta_{BC} = \frac{F_{BC}\, l_{BC}}{EA} = \frac{(P_2 + P_3)\, l_{BC}}{EA}$$

구간 CD의 경우

$$\sum F = F_{CD} - P_3 = 0$$

$$F_{CD} = P_3$$

$$\sigma_{CD} = \frac{F_{CD}}{A} = \frac{P_3}{A}$$

$$\epsilon_{CD} = \frac{\sigma_{CD}}{E} = \frac{P_3}{EA}$$

$$\delta_{CD} = \frac{F_{CD}\, l_{CD}}{EA} = \frac{P_3\, l_{CD}}{EA}$$

부재 전체의 변형량 δ_t는 다음 식으로부터 구할 수 있다.

$$\delta_t = \delta_{AB} + \delta_{BC} + \delta_{CD}$$

그림 5-5와 같이 부재의 면적이 변화하는 경우도 구간별로 나누어 앞에서와 같이 구간별 자유물체도로부터 내력을 구하고 다음과 같이 구할 수 있다.

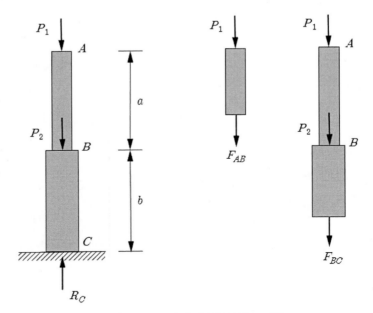

그림 5-5 단면이 변화하는 경우

먼저 C지점에서의 반력은

$$R_C = P_1 + P_2$$

구간 AB에서

$$\sum F = -P_1 - F_{AB} = 0$$

$$F_{AB} = -P_1$$

$$\sigma_{AB} = \frac{F_{AB}}{A_{AB}} = \frac{-P_1}{A_{AB}}$$

$$\epsilon_{AB} = \frac{\sigma_{AB}}{E} = \frac{-P_1}{EA_{AB}}$$

$$\delta_{AB} = \frac{F_{AB} l_{AB}}{EA_{AB}} = \frac{-P_1 a}{EA_{AB}}$$

구간 BC에서

$$\sum F = -P_1 - P_2 - F_{BC} = 0$$

$$F_{BC} = -(P_1 + P_2)$$

$$\sigma_{BC} = \frac{F_{BC}}{A_{BC}} = -\frac{P_1 + P_2}{A_{BC}}$$

$$\epsilon_{BC} = \frac{\sigma_{BC}}{E} = -\frac{P_1 + P_2}{EA_{BC}}$$

$$\delta_{BC} = \frac{F_{BC}l_{BC}}{EA_{BC}} = -\frac{(P_1 + P_2)\,b}{EA_{BC}}$$

(-) 값으로 나타나는 내력은 압축력, 응력은 압축응력, 변형량은 길이의 감소를 의미한다.

일반적으로 축력이 다르고 단면적이 변화하는 부재의 경우 부재를 n개의 구간으로 나누어 각 구간별 변형량을 구한 후 이들을 모두 더해줌으로써 부재의 전변형량을 다음 식으로 구할 수 있다.

$$\delta = \sum_{i=1}^{n} \frac{P_i l_i}{E_i A_i} \tag{5-3}$$

예제 5-1 그림과 같은 부재가 수직하중을 받으면 점 C가 C'로 이동하게 된다. 이때 수직방향으로 이동한 거리 δ를 구하시오. 두 부재의 축강성 EA는 동일하다.

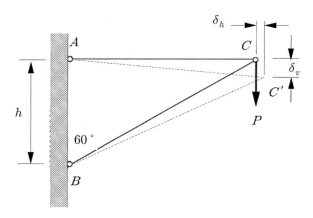

그림 5-6 구조물의 변형(예제)

풀이)

점 C에 대한 자유물체도로부터 두 부재의 내력을 구하면 다음과 같다.

$$\Sigma F_x = -F_{AC} + F_{BC}\sin 60 = 0$$

$$\Sigma F_y = -P + F_{BC}\cos 60 = 0$$

$$F_{BC} = 2P\ (C) \qquad\qquad F_{AC} = \sqrt{3}\,P\ (T)$$

$$\delta_{BC} = \frac{2P \cdot 2h}{EA} = \frac{4Ph}{EA} \qquad \text{(수축)}$$

$$\delta_{AC} = \frac{\sqrt{3}\,P \cdot \sqrt{3}\,h}{EA} = \frac{3Ph}{EA} \qquad \text{(팽창)}$$

BC 부재는 압축하중($2P$)으로 길이가 수축하고, AC 부재는 인장하중($\sqrt{3}\,P$)로 인해 길이가 늘어나 그림과 같이 점 C가 점 C'로 이동하게 된다. 점 C가 움직인 거리는 다음과 같다.

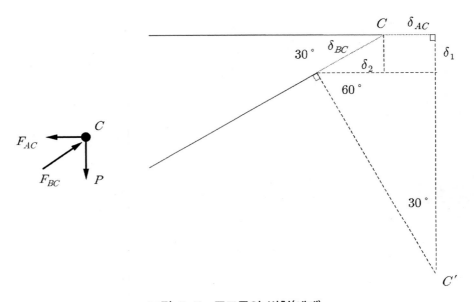

그림 5-7 구조물의 변형(예제)

$$\delta_h = \delta_{AC} = \frac{3Ph}{EA}$$

$$\delta_v = \delta_1 + (\delta_2 + \delta_{AC})\tan 60$$

$$= \delta_{BC}\sin 30 + (\delta_{BC}\cos 30 + \delta_{AC})\tan 60$$

$$= (8 + 3\sqrt{3})\frac{Ph}{EA}$$

결국 점 C가 이동한 거리는 $\delta = \sqrt{\delta_h^2 + \delta_v^2}$ 로 나타난다. ■

예제 5-2 그림과 같은 부재가 압축하중 P와 자체 무게에 의한 하중을 받고 있다. 부재의 허용응력이 σ_a라 할 때, 부재의 무게가 최소가 되도록 설계하시오. 단, 부재의 단면은 원형이고 길이는 l이며, 비중량은 γ 이다.

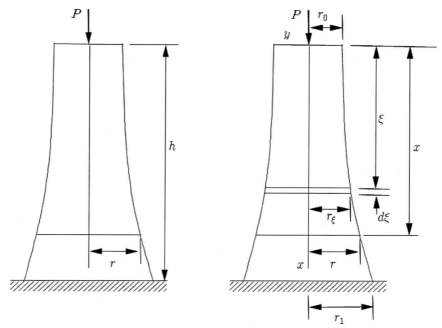

그림 5-8 일정한 응력을 받는 부재(예제)

풀이)

부재 상단의 단면적은

$$A_0 = \frac{P}{\sigma_a} \qquad\qquad r_0 = \sqrt{\frac{A_0}{\pi}} = \sqrt{\frac{P}{\pi \sigma_a}}$$

아래로 내려갈수록 부재의 자중이 증가되므로 부재의 단면적도 증가해야 한다. 그림과 같이 상부에서 아래쪽으로의 거리를 x 라 하고, 이곳에서의 단면적을 A_x 라 하자. 그림처럼 상부에서 ξ 만큼 떨어진 곳에서의 단면적은 다음과 같이 된다.

$$A_\xi = \frac{P + W_\xi}{\sigma_a}$$

식에서 W_ξ 는 상부에서 ξ 인 곳까지의 부재 무게이다.

부재의 비중량을 γ 라 하면 상부에서 $\xi + d\xi$ 만큼 떨어진 곳에서의 단면적은 다음과 같이 된다.

$$A_{\xi + d\xi} = A_\xi + dA_\xi = \frac{P + W_\xi}{\sigma_a} + \frac{\gamma A_\xi \, d\xi}{\sigma_a}$$

단면적의 미소 증분은

$$dA_\xi = \frac{\gamma A_\xi \, d\xi}{\sigma_a}$$

따라서

$$\frac{dA_\xi}{A_\xi} = \frac{\gamma \, d\xi}{\sigma_a}$$

이 식을 적분하여 임의 위치에서의 단면적을 다음과 같이 구할 수 있다.

$$\int_{A_0}^{A_x} \frac{dA_\xi}{A_\xi} = \frac{\gamma}{\sigma_a} \int_0^x d\xi$$

$$\ln\frac{A_x}{A_0} = \frac{\gamma \, x}{\sigma_a}$$

$$A_x = A_0 \, e^{\gamma x / \sigma_a}$$

따라서 하단부의 단면적 A_1은

$$A_1 = A_0 \, e^{\gamma h / \sigma_a}$$

부재의 반지름은 아래 식으로 구할 수 있다.

$$r = \sqrt{A_x / \pi}, \qquad r_1 = \sqrt{A_1 / \pi}$$

부재의 중량은 다음과 같이 구할 수 있다.

$$W = \gamma V = \gamma \int_0^h A_x dx = \gamma \int_0^h A_0 \, e^{\gamma x / \sigma_a} dx = A_0 \sigma_a (e^{\gamma h / \sigma_a} - 1) = P(e^{\gamma h / \sigma_a} - 1)$$

이 식은 다음 형태로 표현할 수도 있다.

$$W = \sigma_a (A_1 - A_0)$$

이와 같은 형상으로 설계가 되면 부재의 무게를 최소화 시킨 이상적 구조물이 된다. ∎

5.3 ↧ 부정정 구조물

앞에서 서술한 여러 구조물은 모두 부재의 내력과 반력들을 표시한 자유물체도에 힘의 평형조건을 적용하여 내력과 반력을 쉽게 구할 수 있었다. 이러한 구조물을 정정구조물(statically determinant structure)이라 한다. 그러나 실제 구조물의 경우 대부분 힘의 평형조건만으로는 반력이나 내력을 구할 수 없도록 설계하는데, 이러한 구조물을 부정정구조물(statically indeterminant structure)이라 한다. 이러한 문제는 힘의 평형조건과 더불어 힘과 부재에 발생한 변형량의 관계를 추가로 적용함으로써 해결할 수 있다.

그림 5-9와 같이 양단이 고정된 구조물의 C 지점에 힘 P가 작용하는 경우를 생각해 보기로 한다.

지지점에서의 반력을 R_A, R_B라 할 때, 힘의 평형조건을 적용하면 다음과 같다.

$$\sum F = R_A + R_B - P = 0$$

미지력이 2개인데 하나의 방정식만 얻을 수 있으므로 부정방정식이 되어 미지력의 크기를 결정할 수 없는 상태이다. 미지력의 갯수에서 평형조건으로 구할 수 있는 방정식의 개수를 뺀 수가 잉여반력의 수가 되는데, 본 사례의 경우 하나의 잉여반력을 가지는 부정정구조물이 된다.

앞에서와 같이 구간별로 나누어 생각해 보기로 한다. 구간 AC의 경우

$$\sum F = R_A + F_{AC} = 0$$

$$F_{AC} = -R_A = -P + R_B$$

$$\delta_{AC} = \frac{F_{AC} l_{AC}}{EA} = \frac{(-P + R_B)a}{EA}$$

구간 BC에서

$$\sum F = R_A - P + F_{CB} = 0$$

$$F_{CB} = P - R_A = R_B$$

$$\delta_{CB} = \frac{F_{CB} l_{CB}}{EA} = \frac{R_B b}{EA}$$

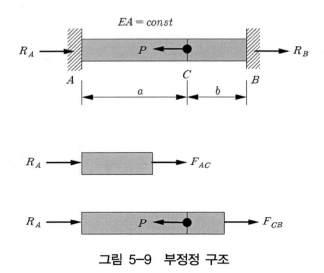

그림 5-9 부정정 구조

부재 전체의 변형량을 δ_t 라 하자. 부재의 양 끝이 고정되어 있으므로 부재 전체의 길이의 변화량은 '0'이므로

$$\delta_t = \delta_{AC} + \delta_{CB} = \frac{(-P+R_B)a}{EA} + \frac{R_B b}{EA} = 0$$

$$R_B = \frac{a}{a+b} P \tag{5-4}$$

$$R_A = P - R_B = \frac{b}{a+b} P \tag{5-5}$$

문제 풀이 과정에서 지지점의 조건을 적용하여 부재의 길이가 변할 수 없다는 조건을 적용하였는데 이것을 변위에 대한 적합조건 또는 적합방정식이라 부른다. 부정정구조물의 경우 정역학적 평형조건을 적용하였을 때 미지반력의 개수보다 적은 수의 방정식만 얻게 되어 답을 구할 수가 없는데 적합조건을 적용함으로써 미지력을 구하는데 필요한 수의 방정식을 추가로 얻게 되어 해를 구할 수 있게 된다.

예제 5-3 그림과 같이 강체인 봉 AB가 한 쪽은 힌지로 지지되고 두 곳에서 케이블로 매달려 있다. 구조물의 오른 쪽 끝단에 집중하중이 작용할 때 케이블에 발생하는 응력의 크기를 구하시오. 케이블의 단면적은 모두 A로 동일하다.

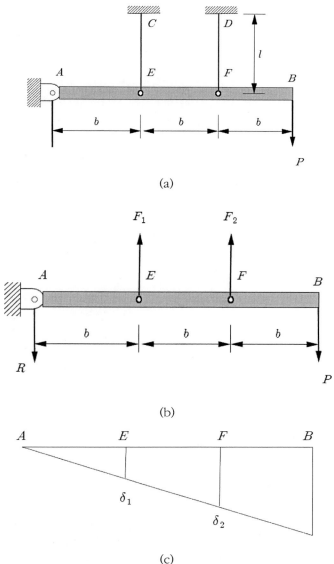

(a)

(b)

(c)

그림 5-10 부정정 구조(예제)

풀이)

그림과 같이 봉 AB에 대한 자유물체도로부터 반력의 수는 3개가 되고 힘의 평형조건(수직방향
힘, 모멘트)으로부터 2개의 방정식이 얻어지므로 잉여반력이 한 개 존재하는 부정정구조이다.
힘의 평형조건을 적용하면

$$F_1 + F_2 - R - P = 0$$

모멘트의 평형조건을 적용하면

$$F_1 b + F_2(2b) - P(3b) = 0$$

$$F_1 + 2F_2 = 3P$$

봉 AB는 강체이므로 변형이 없다고 가정하면 하중으로 인해 두 케이블의 늘어난 길이는 그림과 같이 A 지점으로부터의 거리에 비례하게 된다. 케이블 CE의 변형량을 δ_1이라 하면 케이블 DF의 변형량은 $\delta_2 = 2\delta_1$이다.

내력으로 인한 케이블의 변형량은

$$\delta_1 = \frac{F_1 l}{EA} \qquad\qquad \delta_2 = \frac{F_2 l}{EA} = 2\delta_1$$

이므로

$$F_2 = 2F_1$$

이를 식에 대입하면 케이블의 장력을 구할 수 있다.

$$F_1 = \frac{3}{5}P \qquad\qquad F_2 = \frac{6}{5}P$$

지지점에서의 반력은

$$R = \frac{4}{5}P \ (\downarrow)$$

케이블에 발생한 응력과 변형량은 다음과 같다.

$$\sigma_1 = \frac{3P}{5A} \qquad\qquad \sigma_2 = \frac{6P}{5A}$$

$$\delta_1 = \frac{\sigma_1}{E}\,l = \frac{3Pl}{5EA} \qquad\qquad \delta_2 = \frac{\sigma_2}{E}\,l = \frac{6Pl}{5EA} \qquad\qquad \blacksquare$$

그림 5-11과 같이 강철 부재를 동관이 둘러싸고 있고, 상하 양단은 강체가 접촉되어 있다.

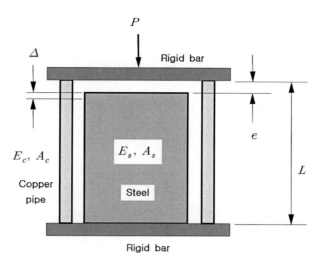

그림 5-11 부정정 구조

동관의 길이는 L 이고, 강철 부재는 동관보다 e 만큼 길이가 미소하게 짧다. 상단의 강체에 힘을 가하여 강철 부재가 Δ 만큼 수축하는 경우를 생각하기로 한다. 각 부재의 특성은 그림에 표시한 것과 같다. 상단에서 가한 힘, P는 강철 부재와 동관이 분담하게 되고 각 힘을 F_s, F_c 라 하면 다음과 같은 평형조건이 성립한다.

$$P = F_s + F_c$$

각 부재의 변형량을 δ_s, δ_c 라 하면 $\delta_s = \Delta$, $\delta_c = e + \Delta$ 이고, 이러한 변형을 발생시키는 힘이 각 부재가 분담하는 힘이 된다.

$$\delta_s = \Delta = \frac{F_s(L-e)}{E_s A_s}$$

$$\delta_c = e + \Delta = \frac{F_c L}{E_c A_c}$$

결국 강철 부재에 Δ 라는 변형을 발생시키기 위한 힘은 다음과 같게 된다.

$$P = \frac{E_s A_s \Delta}{L-e} + \frac{E_c A_c(e+\Delta)}{L}$$

예제 5-4 그림과 같이 길이가 L인 동관이 피치가 p인 볼트를 둘러싸고 있다. 동관과 볼트 머리부, 너트가 완전 밀착된 상태이고 접촉된 어떤 곳에서도 힘이 작용하지 않는다고 한다. 이러한 상태에서 너트를 강제로 n바퀴 돌려 조이는 경우 볼트와 동관에 발생한 힘과 응력은 얼마인가? 볼트와 동관의 물성치는 그림과 같다고 한다.

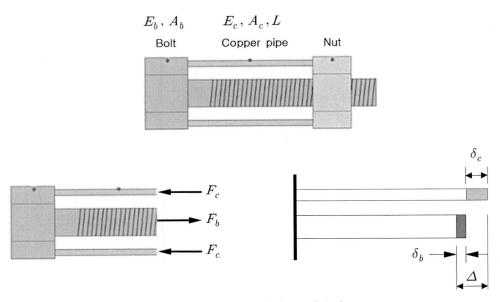

그림 5-12 부정정 구조(예제)

풀이)

볼트를 강제로 조이면 그림과 같이 동관은 압축하중을 받아 수축하게 되고 볼트는 인장하중을 받아 늘어나게 되며, 각 부위의 변형은 그림과 같이 발생한다. 너트가 n바퀴 회전하는 동안 진행한 거리를 Δ 라 하면 $\Delta = np$ 관계식이 성립한다. 조여진 상태에서 외부에서 가한 하중은 없으므로 볼트와 동관에 발생한 힘만으로 평형조건을 적용하면 다음과 같다. 그림에서 내력과 힘의 방향을 유의하여 적용한다.

$$\Sigma X = F_b - F_c = 0, \quad F_b = F_c = F$$

동관이 수축된 변형량, δ_c와 볼트가 늘어나며 발생한 변형량, δ_b 는 볼트를 강제로 조이는 동안 너트가 이동한 거리, Δ 사이에는 그림에 표시된 것처럼 다음과 같은 관계를 가진다. 이들 관계로부터 볼트에 발생한 내력, F를 구할 수 있다.

$$\Delta = np = \delta_b + \delta_c = \frac{F_b L}{E_b A_b} + \frac{F_c L}{E_c A_c} = \frac{FL}{E_b A_b} + \frac{FL}{E_c A_c}$$

$$= \frac{(E_b A_b + E_c A_c)}{E_b A_b E_c A_c} FL$$

$$F = \frac{np}{L} \frac{E_b A_b E_c A_c}{(E_b A_b + E_c A_c)}$$

결국 동관에는 압축하중 F, 볼트에는 크기가 F인 인장하중이 발생하며 이에 따른 응력의 크기는 다음과 같다.

$$\sigma_b = \frac{F}{A_b} = \frac{np}{L} \frac{E_b E_c A_c}{(E_b A_b + E_c A_c)} \qquad \text{(인장)}$$

$$\sigma_c = \frac{F}{A_c} = \frac{np}{L} \frac{E_b E_c A_b}{(E_b A_b + E_c A_c)} \qquad \text{(압축)}$$

5.4 경사 단면에서의 응력

부재가 축력 P만을 받는 경우 축방향과 수직한 단면에서는 수직응력이 발생하는 것을 앞에서 기술하였는데, 여기서는 그림 5-13과 같이 θ만큼 기울어진 경사단면에 발생한 응력을 생각해 보기로 한다. 경사단면에서는 내력 P를 경사면에 수직한 방향의 내력 N과 접선방향의 내력 V로 나누어 생각할 수 있다.

축력으로 인해 경사단면에 발생한 두 내력의 합력도 역시 부재의 축방향으로 P의 크기를 가지게 됨을 그림과 같은 자유물체도로부터 알 수 있다.

$$N = P\cos\theta \qquad V = P\sin\theta$$

축방향에 수직한 단면적을 A라 하면 경사단면에서의 단면적 A_θ는

$$A_\theta = \frac{A}{\cos\theta}$$

따라서 경사단면에서는 수직하중에 대한 수직응력과 접선방향 하중에 대한 전단응력이 발생하며 그 크기는 다음과 같다.

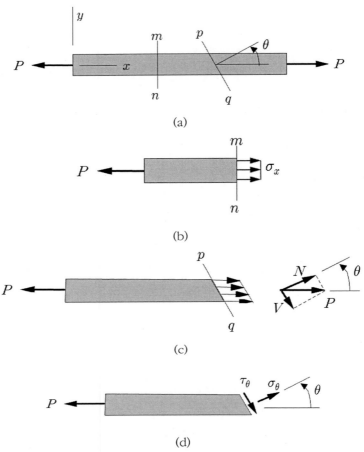

그림 5-13   경사면에 발생하는 응력

$$\sigma_\theta = \frac{N}{A_\theta} = \frac{P\cos\theta}{\dfrac{A}{\cos\theta}} = \frac{P}{A}\cos^2\theta = \sigma_x \cos^2\theta \tag{5-6}$$

$$\tau_\theta = \frac{V}{A_\theta} = \frac{P\sin\theta}{\dfrac{A}{\cos\theta}} = \frac{P}{A}\sin\theta\cos\theta = \sigma_x \sin\theta\cos\theta \tag{5-7}$$

식에서 σ_x 는 축방향의 응력을 의미한다. 이와 같이 부재가 축방향으로만 힘을 받는다 할지라도 부재 내부에 발생하는 응력은 단면의 방향에 따라 수직응력과 전단응력이 함께 나타날 수 있음을 알 수 있다.

5.5 변형 에너지

부재가 그림 5-14와 같이 힘을 받아 길이가 증가하는 동안 힘은 힘이 가해지는 방향으로 미소량 이동하면서 일을 하게 된다. 힘과 변형량 사이의 관계가 그림 5-15와 같을 때, 힘이 P_1에서 미소 변위 $d\delta_1$만큼 이동하므로 이때 발생한 미소 일량은 $P_1 d\delta_1$이므로 힘이 P로 증가하기까지 발생한 일량은 다음 식으로 구할 수 있다.

$$W = \int_0^\delta P_1 \, d\delta_1 \tag{5-8}$$

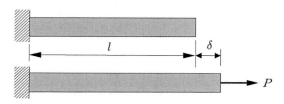

그림 5-14 축하중 부재의 변형

결국 일의 크기는 힘과 변형량 관계를 나타낸 선도에서 선도 아래의 면적에 해당하게 된다. 부재에 가해진 힘으로 인해 일이 발생했고, 일은 에너지이므로 에너지 보존의 법칙으로부터 일량만큼 부재 내부에 에너지로 축적되는데 이를 변형에너지(strain energy, U)라 하며 그 크기는 앞서 구한 일량과 같다.

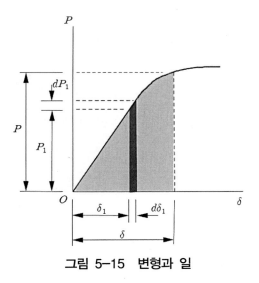

그림 5-15 변형과 일

$$U = W = \int_0^\delta P_1 \, d\delta_1 \qquad\qquad (5\text{-}9)$$

부재가 선형탄성거동을 하는 경우 힘과 변형량 사이에는 그림 5-16과 같이 직선관계가 성립하므로 크기가 P라는 힘을 받아 부재에 축적되는 변형에너지는 그림에서 삼각형 면적에 해당하므로 다음과 같다.

$$U = W = \frac{P\delta}{2} \qquad\qquad (5\text{-}10)$$

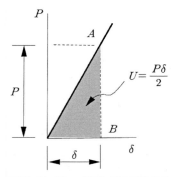

그림 5-16 선형 탄성에너지

축하중부재의 경우 축하중 P로 인한 변형량은 $\delta = \dfrac{Pl}{EA}$ 이므로 이로 인한 변형에너지는 다음과 같다.

$$U = W = \frac{P\delta}{2} = \frac{P^2 l}{2EA} \qquad\qquad U = \frac{EA\delta^2}{2l} \qquad\qquad (5\text{-}11)$$

그림 5-17과 같은 선형탄성스프링의 경우 스프링 상수는 $k = \dfrac{EA}{l}$ 이고, 힘으로 인해 스프링이 늘어난 길이를 δ라 했을 때, 스프링에 축적된 에너지의 크기는 $\dfrac{k}{2}\delta^2 = \dfrac{EA/l}{2}\delta^2$가 됨을 알 수 있다.

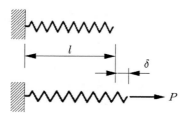

그림 5-17 선형 탄성 스프링

부재 전체에 축적된 에너지 U를 부재의 체적 Al로 나눈 값을 변형에너지 밀도(strain energy density) u라 하며 다음과 같이 구해진다.

$$u = \frac{U}{Al} = \frac{P^2 l / 2EA}{Al} = \frac{P^2}{2EA^2} = \frac{\sigma^2}{2E} \qquad u = \frac{E\epsilon^2}{2} \qquad (5\text{-}12)$$

결국 변형에너지 밀도는 그림 5-18과 같은 응력-변형률선도에서 선형탄성구간에서의 삼각형의 면적에 해당함을 알 수 있다.

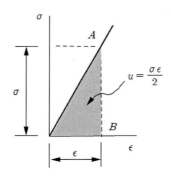

그림 5-18 변형에너지 밀도

예제 5-5 그림과 같이 전체 길이가 l인 부재의 단면이 서로 다른 원형단면 형상을 가질 때 각 부재에 하중 P가 부가될 때 축적된 변형에너지의 크기를 구하시오.

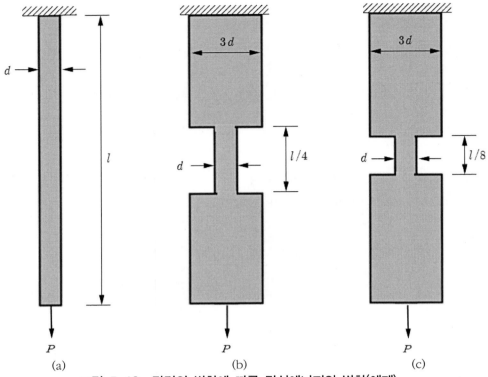

그림 5-19 단면의 변화에 따른 탄성에너지의 변화(예제)

풀이)

첫 번째 부재의 경우 단면이 일정하고 이때의 단면적은 $A = \dfrac{\pi d^2}{4}$ 이므로

$$U_1 = \frac{P^2 l}{2EA}$$

두 번째 부재의 경우는

$$U_2 = \frac{P^2(l/4)}{2EA} + \frac{P^2(3l/4)}{2E(9A)} = \frac{P^2 l}{6EA} = \frac{U_1}{3}$$

세 번째 부재에는

$$U_3 = \frac{P^2(l/8)}{2EA} + \frac{P^2(7l/8)}{2E(9A)} = \frac{P^2 l}{9EA} = \frac{2U_1}{9}$$

세 결과를 비교해보면 세 부재 모두 부재 안에 발생한 최대응력의 크기는 동일하다. 그러나 부재에 홈이 있는 경우 에너지 흡수 능력이 감소함을 알 수 있다. 특히 홈이 좁을수록 에너지 흡수 능력은 매우 작아지게 된다. 에너지 흡수력이 중요한 부재의 경우 좁고 깊은 홈은 매우 위험하다는 것을 알 수 있다. ■

예제 5-6 그림과 같은 대칭 트러스가 힘 P를 받아 B 점이 아래로 δ만큼 처지게 된다. 변위 δ를 구하시오. 단, 두 부재의 축강성은 EA로 동일하다.

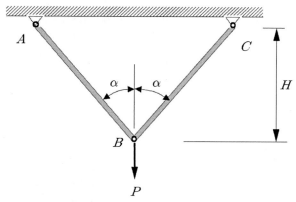

그림 5-20 일과 변형에너지(예제)

풀이)

예제 5-1)과 같이 두 부재의 변형량에 대한 기하학적 관계로부터 수직 방향 변위를 구할 수도 있지만, 본 예제에서는 일과 변형에너지 관계를 이용하여 풀어보기로 한다.

두 부재에 발생한 내력을 F라 하자. 절점 B에서 부재 내력과 외력 P로 인한 수직방향 힘의 평형 조건을 적용하면

$$\sum Y = 2F\cos\alpha - P = 0$$

$$F = \frac{P}{2\cos\alpha}$$

부재의 길이는 $l = \dfrac{H}{\cos\alpha}$, 외력이 한 일은 $W = \dfrac{P\delta}{2}$

두 부재에 축적된 변형에너지는

$$U = 2 \times \frac{F^2 l}{2EA} = \frac{F^2 H}{EA\cos\alpha} = \frac{P^2 H}{4EA\cos^3\alpha}$$

외력이 한 일과 부재에 축적된 에너지의 크기가 같으므로, $U = W$ 조건을 적용하면

$$\delta = \frac{PH}{2EA\cos^3\alpha}$$
∎

예제 5-7 그림과 같은 트러스가 외력 P를 받을 때 부재에 발생한 내력의 크기는 얼마인가? 단, 세 부재의 단면적은 A로 동일하고, 탄성계수는 E이다.

풀이)

그림에서와 같이 수직방향 부재의 내력을 F_2, 경사진 부재의 내력을 F_1 이라 하자. 본 문제의 경우 미지력은 두 개이고, 평형조건으로부터 얻을 수 있는 식은 수직방향의 힘의 평형조건으로부터 구할 수 있는 식 하나이므로 잉여반력이 1개인 부정정구조에 대한 문제이다. 본 풀이에서는 수직부재의 내력 F_2를 잉여반력으로 취하기로 한다.

경사진 방향의 부재에 발생한 내력 F_1 의 수직방향 성분의 크기는 $F_1 \cos\beta$ 이므로 힘의 평형조건으로부터

$$2F_1 \cos\beta + F_2 = P$$

본 문제는 예제 5-6)과 같이 경사진 부재로만 이루어진 트러스에 아랫방향으로 하중 $P - F_2 = 2F_1 \cos\beta$ 이 작용하여 D점이 D'로 이동하면서 δ_1 크기의 수직 변위가 발생하는 문제와 수직방향부재 하나가 천정에 매달린 상태에서 수직방향 하중 F_2가 부가되어 수직방향 변위 δ_2가 발생하는 문제로 나누어 생각한다. 그리고 D점은 세 부재의 연결점이므로 $\delta_1 = \delta_2$ 라는 적합조건이 성립한다. 이러한 특성을 적용하여 순차적으로 문제를 해결하기로 한다.

경사진 부재의 수직 변위는 이전 예제의 결과를 활용하여 다음과 같이 구할 수 있다.

$$\delta_1 = \frac{(P - F_2)l}{2EA\cos^3\beta}$$

수직부재의 변위는 다음과 같다.

$$\delta_2 = \frac{F_2 l}{EA}$$

두 변위의 크기가 같으므로

$$\frac{(P - F_2)l}{2EA\cos^3\beta} = \frac{F_2 l}{EA}$$

$$F_2 = \frac{P}{2\cos^3\beta + 1}$$

경사진 부재의 내력은 힘의 평형조건으로부터 다음과 같이 구해진다.

$$F_1 = \frac{P - F_2}{2\cos\beta} = \frac{P}{2\cos\beta}\left(1 - \frac{1}{2\cos^3\beta + 1}\right) = \frac{\cos^2\beta}{2\cos^3\beta + 1}P$$

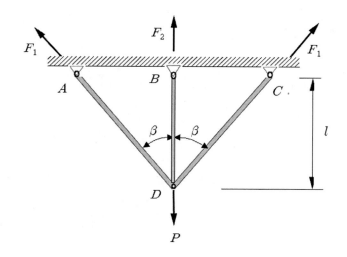

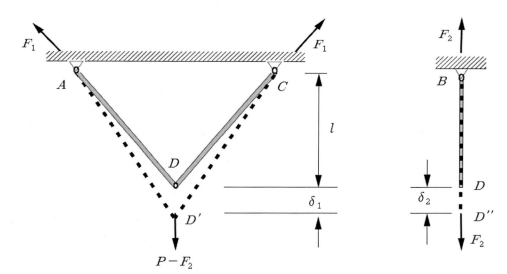

그림 5-21 일과 변형에너지(예제)

5.6 열응력

물체의 온도가 변화하면 그림 5-22처럼 그 크기가 미소량 변화한다. 단위 온도 변화량에 대한 물체의 변형률을 열팽창 계수(coefficient of thermal expansion) α라 하면, 온도 증감 $\triangle T$에 따른 물체의 변형률은 다음과 같이 나타낼 수 있다.

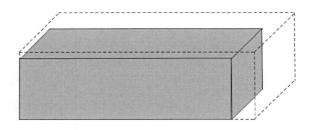

그림 5-22 열변형

$$\epsilon = \alpha \triangle T \tag{5-13}$$

대부분의 금속 부재는 온도가 증가하면 길이가 증가하고, 온도가 감소하면 길이도 감소한다. 길이가 l인 부재가 온도변화에 따른 부재 길이의 변화량은 다음과 같다.

$$\delta = \alpha \triangle T \, l \tag{5-14}$$

그림 5-23과 같이 양단이 고정된 부재의 온도가 $\triangle T$만큼 상승했을 때 부재 내부에 발생하는 응력의 크기를 구해보기로 한다. 온도가 증가하므로 부재는 길이가 증가해야 하는데 양 쪽 끝이 고정되어서 길이의 증가가 나타나지 않으므로 부재는 압축하중을 받는 상태가 된다. 그림과 같이 온도변화에 따른 길이의 증가량 δ_T와 압축하중에 의한 부재 길이의 감소량 δ_R의 크기가 같아야 한다.

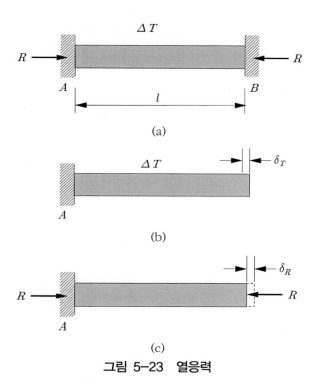

ΔT

(a)

ΔT δ_T

(b)

δ_R

(c)

그림 5-23 열응력

$$\alpha \triangle T l = \frac{Rl}{EA}$$

$$R = EA\alpha \triangle T$$

$$\sigma = \frac{R}{A} = E\alpha \triangle T \tag{5-15}$$

$$\epsilon = \frac{\sigma}{E} = \alpha \triangle T \tag{5-16}$$

부재가 온도 변화에 해당하는 만큼 변형이 자유롭게 발생하지 못하게 되면, 부재에 외력이 가해지지 않은 상태이지만 온도의 변화에 따라 부재 내부에 힘이 발생하고 그에 따른 응력이 발생함을 알 수 있다. 이렇게 발생한 응력을 열응력이라 한다.

5.7 압력용기에 발생하는 응력

그림 5-24와 같이 반지름이 r인 공모양 압력용기의 내부에 균일한 압력 p가 걸리는 경우, 구에 발생하는 응력의 크기를 알아보기로 한다. 본 절에서 다루는 구의 두께 t는 구의 반지름 r에 비해 매우 작은 경우로 제한한다. 즉, $t \ll r$인 경우(통상 반지름이 두께의 수십 배 이상인 경우) 구의 벽에 발생하는 응력은 두께가 매우 얇아 두께방향으로의 변화는 무시할 수 있게 된다.

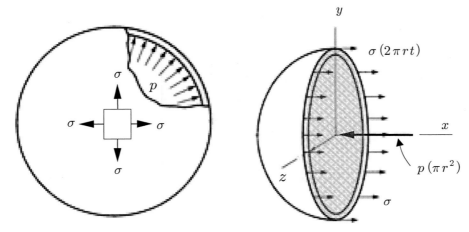

그림 5-24 얇은 두께의 구형 압력용기

그림과 같이 구를 절반으로 나누어 자유물체도를 그리면 벽 단면에는 단면에 수직한 응력이 발생하고 구의 내면에는 내압이 작용한다. 벽에 발생하는 응력의 크기는 어느 지점에서나 동일한 값을 갖고, 두께가 매우 얇은 경우 벽면의 단면적은 $2\pi rt$로 볼 수 있으므로 벽에 발생한 응력으로 인한 하중의 크기는 다음과 같다.

$$\sigma(2\pi rt)$$

구의 내면에 작용하는 압력으로 인한 힘은 구의 벽으로 만들어지는 원의 면적에 내압이 작용할 때와 같으므로 다음과 같이 나타낼 수 있다.

$$p(\pi r^2)$$

정역학적 평형 조건을 적용하면 구의 벽에 발생한 응력으로 인한 힘의 크기와 구의 내면에 작용한 압력으로 발생한 힘의 크기는 같아야 하므로 다음과 같은 결론을 얻게 된다.

$$\sigma(2\pi rt) = p(\pi r^2)$$

$$\sigma = \frac{pr}{2t} \tag{5-17}$$

구형 압력용기의 벽에는 위치와 단면의 방향에 관계없이 항상 위에서 구한 크기의 응력이 발생하게 된다.

이어서 그림 5-25와 같은 실린더 형상의 압력용기에 내압이 걸리는 경우를 생각해 보기로 한다. 그림과 같이 실린더를 길이 방향에 수직하도록 절단하면 실린더 벽에는 실린더 길이 방향의 응력 σ_l이 발생하고, 실린더의 끝 면에는 내압으로 인해 실린더를 좌측으로 미는 힘이 존재하게 되는데 이 형태는 앞에서 서술한 구형 압력용기와 동일한 형태의 힘과 같으므로 결국 길이방향의 응력의 크기는 다음과 같이 나타낼 수 있다.

$$\sigma_l = \frac{pr}{2t} \tag{5-18}$$

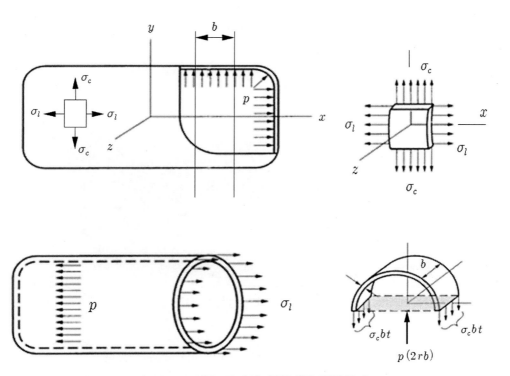

그림 5-25 얇은 두께의 실린더형 압력용기

원주방향의 응력을 구하기 위해 그림에서와 같이 실린더에서 길이가 b인 구간을 떼어내고 이를 다시 절반으로 나누어 한쪽 부분에 대한 자유물체도를 그려 힘의 평형조건을 적용하기로 한다. 그림에 보인 것처럼 실린더의 두 벽에는 원주 방향의 응력 σ_c가 발생하고 이로 인한 하중의 크기는 다음과 같다.

$$\sigma_c(2bt)$$

실린더 내벽에 작용하는 내압으로 인한 하중의 크기는 그림에 나타난 실린더 절단면으로 만들어지는 직사각형 면적에 내압이 걸리는 경우와 동일하므로 그 크기는 다음과 같다.

$$p(2rb)$$

실린더 절단면에 발생한 응력으로 인한 힘과 실린더 내벽에 작용하는 내압으로 인한 힘의 크기는 그 크기가 같아야 하므로 다음 결과를 얻게 된다.

$$\sigma_c(2bt) = p(2rb)$$

$$\sigma_c = \frac{pr}{t} \tag{5-19}$$

결국 원주 방향의 응력의 크기가 길이 방향(종방향 또는 축방향) 응력보다 2 배 크다는 것을 알 수 있다. 원주 방향의 응력을 hoop stress라 부르기도 한다. 길다란 고무풍선을 계속 불다 터진 경우 파단면의 형태를 보면 그림 5-26과 같이 파단선이 풍선의 길이방향으로 나타나는 것도 원주방향의 응력이 커서 원주방향 응력에 수직한 방향으로 풍선이 터지게 되는 것이다.

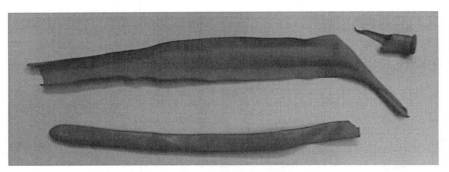

그림 5-26 고무풍선이 터진 모양

이러한 결과는 압축공기탱크, 압력관, 팽창기구 등에 적용할 수 있으며 여압을 받는 여객기의 동체 스킨 부위에 발생하는 응력도 이와 같이 구할 수 있다.

5.8 ⫶ 충격하중

통상 재료역학에서 다루는 하중은 정하중(static load)으로 시간에 따른 하중의 변화가 천천히 발생하는 경우여서 시간에 따른 하중의 변화로 인한 영향을 무시할 수 있다. 그러나 그림 5-27과 같이 질량이 m, 무게가 W인 물체가 높이 h인 곳에서 자유 낙하하며 부재에 충격을 가하는 경우 시간에 따른 하중의 변화를 무시할 수 없게 된다. 이와 같이 시간에 따른 영향을 고려해야 하는 하중을 동하중(dynamic load)이라 한다. 그림의 경우 매우 짧은 시간에 하중이 증가하는 충격의 형태를 띠게 되므로 충격하중이라 할 수 있다. 이와 같이 충격하중이 부가되는 경우 구조물의 거동을 생각해 보기로 한다.

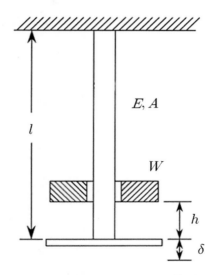

그림 5-27　자유 낙하로 인한 충격하중

중력가속도를 g라 할 때 높이 h인 곳에서 물체의 위치에너지는 $mgh = Wh$이고, 이것이 자유롭게 떨어지는 동안 운동에너지로 변화되며 그 크기는 $mv^2/2$이 된다. 충돌하는 순간 물체의 속도는 $v = \sqrt{2gh}$이다. 충돌 직전의 운동에너지는 충돌 후 봉재 내부에 변형에너지의 형태로 전환하게 된다. 충돌하는 동안 봉재는 충격에 의해 그림과 같이 최대 δ만큼 늘어나게 된다. 이와 같은 과정에 에너지 보존 법칙을 적용하면 처음 위치에너지의 크기와 충돌 후 봉재의 변형에너지가 동일한 값을 가지게 된다. 하중 P로 인해 $\delta \left(= \dfrac{Pl}{EA}\right)$만큼 늘어난 봉재에서 δ의 변형을 발생시키는 하중의 크기는 $P = \dfrac{EA\delta}{l}$ 이다. 봉재에 발생한 변형에너지는

$$U = \frac{P^2 l}{2EA} = \frac{EA\delta^2}{2l} \text{ 이므로}$$

$$W(h+\delta) = \frac{EA\delta^2}{2l}$$

$$\delta^2 - \frac{2Wl}{EA}\delta - \frac{2Wlh}{EA} = 0$$

위 식은 δ에 대한 2차 방정식이고 $\delta > 0$이므로 그 해를 구하면 다음과 같다.

$$\delta = \frac{Wl}{EA} + \sqrt{\left(\frac{Wl}{EA}\right)^2 + \frac{2Wlh}{EA}}$$

이 결과에서 물체 무게만큼의 하중이 부재에 정하중으로 작용한 경우 변형량이 $\delta_{st} = \dfrac{Wl}{EA}$ 이므로 위 결과는 다음의 형태로 쓸 수 있다.

$$\delta = \delta_{st} + \sqrt{\delta_{st}^2 + 2h\delta_{st}} \tag{5-20}$$

보통의 경우 $h \gg \delta_{st}$ 이므로 $\delta \approx \sqrt{2h\delta_{st}}$ 의 형태로 간단히 표시할 수 있다.

특별히 $h = 0$인 경우 즉, 물체를 봉재 하단에 매달아 놓고 손으로 받치다가 갑자기 손을 떼는 경우가 이에 해당할 것이다. 이 경우 $\delta = 2\delta_{st}$ 라는 결과를 얻게 된다. 이러한 결과로부터 갑작스럽게 부가되는 하중으로 인한 변형의 크기는 동일한 크기의 정하중에 의한 변형의 2배가 된다는 것을 알 수 있다. 순간적으로 부가되는 동하중에 대한 변형이 두 배가 되므로 부재 내부에 발생한 최대 응력도 2배가 됨을 의미한다.

연습문제

문5-1 그림과 같은 구조물이 하중을 받을 때 각 부재에 발생하는 응력의 크기와 변형량을 구하시오. 단, 부재는 모두 지름 0.8in의 원형단면이며 탄성계수는 $E = 10 \times 10^3 \, ksi$ 이다.

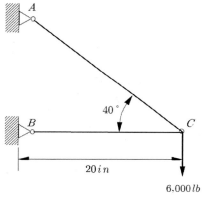

문제 5-1

문5-2 그림과 같이 날개의 중간 부근과 동체를 봉으로 연결한 비행기가 양력을 받고 있다. 봉 BC에 발생하는 응력을 구하라. 단, $h = 50''$, $a = 150''$, $b = 400''$ 이고 봉은 반지름 $1''$인 원형 단면이며 양력에 의한 분포하중의 세기는 $w = 10 \, lb/in$이다.

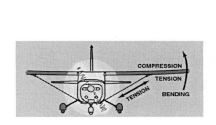
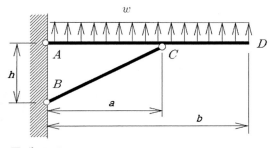

문제 5-2

문5-3 단면적이 3cm²인 부재가 그림과 같은 하중을 받고 있다. 구간별 응력과 전변형량을 구하시오. $P = 15,000\,kg$, $Q = 7,000\,kg$, $l = 2\,m$, $a = 0.8\,m$ 이다. 단, $E = 2 \times 10^6 \mathrm{kg/cm^2}$이다.

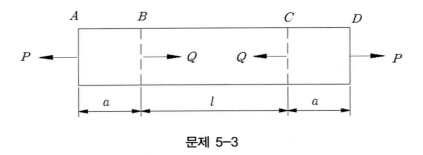

문제 5-3

문5-4 그림과 같이 하중을 받는 부재의 총 변형량은 얼마인가? 단, 부재는 한 변의 길이가 4mm인 정사각형 단면이고 탄성계수는 210 GPa이다.

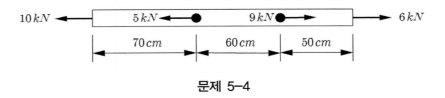

문제 5-4

문5-5 그림과 같이 단면이 변화하는 부재에 5000N의 하중이 부가되었을 때 지지점에서의 반력을 구하시오. 부재는 원형 단면이고 탄성계수는 70 GPa이고, $l_1 = 2\,m$, $l_2 = 2.3\,m$, $d_1 = 10\,mm$, $d_2 = 12\,mm$ 이다.

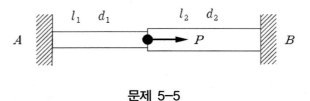

문제 5-5

문5-6 강체 봉이 그림과 같이 3개의 케이블로 연결되어 있다. 케이블의 강성은 EA 로 모두 동일하다고 할 때, 케이블에 걸리는 장력을 구하시오.

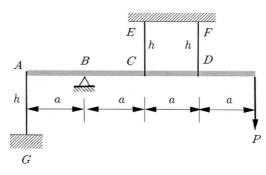

문제 5-6

문5-7 지름 2cm인 연강 봉재의 양단이 고정지지 되었다. 온도가 20℃에서 가열되어 80℃로 되었다. 이 봉재에 발생하는 열응력과 봉재가 양 고정 단에 가하는 힘은 얼마인가? 단, 열팽창계수 $\alpha = 1.12 \times 10^{-5}$ cm/℃ cm 종탄성계수 $E = 2.1 \times 10^{6}$kg/cm^2 이다.

문5-8 안지름 50cm, 두께 1.2cm인 얇은 원통 용기에 내압 10kg/cm^2 가 작용할 때 원주방향과 축방향으로 생기는 응력은 얼마인가?

문5-9 여객기가 고공을 날고 있다 여압으로 인한 기내와 외부와의 압력 차이가 8 psi라고 할 때 동체 스킨에 발생하는 응력의 크기는? 단, 동체는 두께 0.05″의 aluminum sheet로 제작되었으며, 단면은 직경 120″의 원형이라 가정한다.

문5-10 길이가 2m, 단면적이 3cm^{2}인 연강봉이 인장하중을 받고 0.4cm 늘어났다면 이 때 봉에 저장된 탄성에너지는 얼마인가? 단, $E = 2.1 \times 10^{6}$kg/cm^2 이다.

문5-11 그림과 같은 트러스 구조물이 수직방향 하중 P를 받으면 C 지점이 아래 방향으로 C'만큼 이동한다. 모든 부재의 축 강성 EA가 동일하다고 할 때 수직방향으로 이동한 거리 δ를 구하시오.

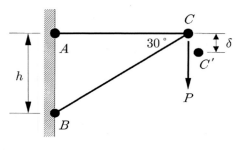

문제 5-11

문5-12 그림과 같은 트러스 구조물이 수직방향 하중 P를 받으면 C 지점이 아래 방향으로 이동한다. 모든 부재의 축강성 EA가 동일하다고 할 때 수직방향으로 이동한 거리 δ를 구하시오.

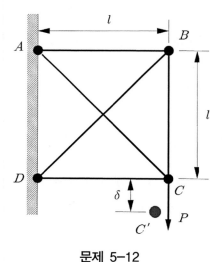

문제 5-12

CHAPTER

06

비틀림 부재

6.1 　 비틀림 하중

비틀림(torsion)이란 그림 6-1과 같이 구조부재가 비틀림 모멘트(twisting moment, torque)를 받아 비틀리는 거동을 말한다.

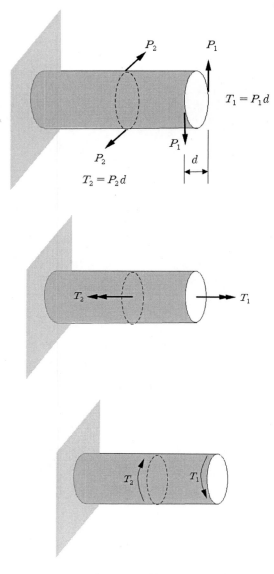

그림 6-1　비틀림 하중

부재에 발생하는 비틀림모멘트는 그림에 보인 바와 같이 우력(couples)에 의해 발생할 수도 있고 부재 단면의 중심에서 벗어난 하중에 의해 나타날 수도 있다. 비틀림모멘트는 그림과 같이 두 개의 화살표를 사용하여 나타낼 수도 있고, 회전 방향의 화살표로 나타낼 수도 있다. 두 개의 화살표로 나타낸 경우 화살표 방향으로 오른손 엄지손가락을 향하게 한 후 나머지 손가락이 감아쥐는 방향으로 부재를 비트는 것을 의미한다.

비틀림 하중을 받는 대표적인 부재가 회전하는 축인데, 축의 경우 대부분 원형 단면형태로 설계된다. 원형 단면형상이 비틀림을 효과적으로 감당하는 형상이기 때문이다.

6.2 원형단면봉의 비틀림

원형단면봉이 비틀림을 받으면 단면이 대칭형상이므로 원형단면은 그 형상을 유지하면서 그림 6-2와 같이 순수하게 회전하는 형태로 변형하게 된다.

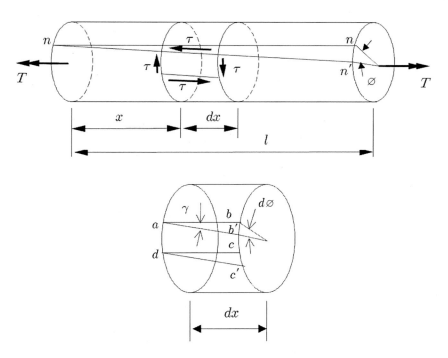

그림 6-2 비틀림 변형과 응력

부재의 한쪽 끝을 고정시키면 다른 한쪽 끝은 비틀림을 받았을 때 그림과 같이 $\varnothing$ 각도만큼 회전하게 된다. 이 각을 비틀림각이라 한다. 부재 표면에 길이방향으로 선 nn을 그어놓고 비틀림이 가해지면 그림과 같이 nn'로 위치가 이동하게 된다.

봉에서 미소 길이 dx를 취하여 자세히 거동을 살펴보면 $abcd$의 직사각형 형태는 $ab'cd'$의 마름모꼴로 변형된다. 회전을 하는 동안 모서리의 길이는 변하지 않고 모서리의 각은 직각에서 γ만큼 찌그러진 형태로 나타나는데 γ는 전단변형률의 크기를 의미하며 그 크기는 매우 작으므로 다음과 같이 표현할 수 있다.

$$\gamma = \frac{bb'}{ab}$$

미소길이 dx에 대한 비틀림각 $d\varnothing$는 반지름이 r인 원형단면이 회전한 각이므로 $bb' = rd\varnothing$이다.

$$\gamma = \frac{bb'}{ab} = \frac{rd\varnothing}{dx} = r\theta$$

θ는 단위길이당 비틀림각을 말하며 $\theta = \dfrac{\varnothing}{l}$이므로 부재의 전단변형률은 다음과 같게 된다.

$$\gamma = r\theta = \frac{r\varnothing}{l} \tag{6-1}$$

이러한 전단변형을 일으키는 전단응력은 다음과 같다.

$$\tau = G\gamma = Gr\theta \tag{6-2}$$

G는 전단탄성계수를 말하며, 이 응력은 원형단면의 바깥 둘레를 따라 발생한 응력이 되고 단면 내부 반지름이 ρ인 곳에서의 전단변형률과 전단응력은 다음과 같이 표현할 수 있다.

$$\gamma = \rho\theta, \qquad \tau = G\rho\theta \tag{6-3}$$

즉, 비틀림을 받는 원형단면에서 전단응력의 크기는 그림 6-3에 보인 것처럼 중심에서 멀어질수록 거리에 비례해서 증가하게 된다.

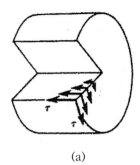
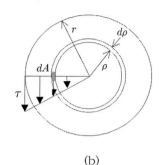

(a)   (b)

그림 6-3 비틀림 응력

비틀림각의 크기와 부재에 가해진 비틀림모멘트의 관계를 알아보기 위해 그림 6-3(b)와 같이 원형단면에 발생한 전단응력이 단면 중심 O점에 발생시키는 모멘트를 구하기로 한다. 그림처럼 반지름이 ρ인 곳에서 $d\rho$만큼 미소 요소를 취하면 이 영역에서의 전단력으로 인한 미소 비틀림모멘트는 다음과 같다.

$$dT = \tau\, dA\, \rho = G\rho^2 \theta\, dA$$

단면전체에 대한 비틀림모멘트는

$$T = \int_A G\rho^2 \theta\, dA = G\theta J \tag{6-4}$$

$$J = \int_A \rho^2\, dA \tag{6-5}$$

J는 극관성모멘트(polar moment of inertia)라 불리는 물리량이다. 결국 단위길이에 대한 비틀림각은 다음과 같다.

$$\theta = \frac{\varnothing}{l} = \frac{T}{GJ} \qquad\qquad \varnothing = \frac{Tl}{GJ} \tag{6-6}$$

식에서 GJ 값을 비틀림강성(torsional rigidity)이라 하며 비틀림강성이 클수록 비틀림변형이 적게 나타난다. 부재 전체길이에 대한 비틀림각 $\varnothing$는 라디안(radian) 각도로 표현된다.

비틀림을 받을 때 발생하는 최대전단응력은 단면의 가장 외곽인 원주 둘레에서 발생하며 그 크기는 다음과 같이 구할 수 있다.

$$\tau_{\max} = Gr\theta = \frac{Tr}{J} \tag{6-7}$$

원형단면에 대한 극관성모멘트는 $J = \dfrac{\pi r^4}{2} = \dfrac{\pi d^4}{32}$ 이며 그림 6-4와 같이 가운데가 비어 있는 중공원형단면형상의 경우에는 다음과 같이 구할 수 있다.

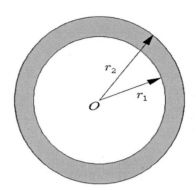

그림 6-4 중공 축

$$J = \frac{\pi}{2}\left(r_2{}^4 - r_1{}^4\right) = \frac{\pi}{32}\left(d_2{}^4 - d_1{}^4\right) \tag{6-8}$$

예제 6-1 원형단면봉이 그림과 같이 양 끝단에서 비틀림모멘트를 받아 0.10rad만큼 비틀어졌다. 봉의 길이가 2m, 지름이 40mm, 전단탄성계수가 120GPa이라면 봉에 발생한 최대전단응력과 최대전단변형률은 얼마인가?

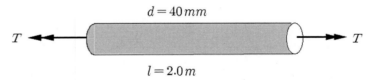

그림 6-5 원형단면봉의 비틀림(예제)

풀이)

$1\,MPa = 1\,N/mm^2$이므로, $G = 120\,GPa = 120{,}000\,N/mm^2$, 극관성모멘트는

비틀림각은 $\varnothing = \dfrac{Tl}{GJ}$, 최대전단응력은 $\tau = \dfrac{Tr}{J}$ 이므로

$$\tau = \frac{T}{J}r = \frac{G\varnothing}{l}r = \frac{120{,}000 \times 0.10}{2000} \times 20 = 120\,N/mm^2 = 120\,MPa$$

$$\gamma = \frac{\tau}{G} = \frac{120}{120{,}000} = 0.001 = 1{,}000 \times 10^{-6}$$ ■

예제 6-2 그림과 같은 계단식 축이 비틀림을 받고 있다. 탄성계수가 80GPa이라면 자유단에서의 비틀림각은 몇도인가? 봉에 발생한 최대전단응력은 얼마인가?

풀이)

지름에 따라 구간을 3구간으로 나누어 생각하기로 한다

1) CD 구간(지름이 40mm 구간)에 발생한 비틀림모멘트는 800N · m이고, 극관성모멘트는

$$J_{CD} = \frac{\pi \times d^4}{32} = \frac{\pi \times 40^4}{32} = 251,000 \, mm^4$$

$$\varnothing = \frac{Tl}{GJ} = \frac{800,000 \times 500}{80,000 \times 251,000} = 0.020 \, rad = 1.15°$$

$$\tau = \frac{Tr}{J} = \frac{800,000 \times 20}{251,000} = 63.7 \, N/mm^2 = 63.7 \, MPa$$

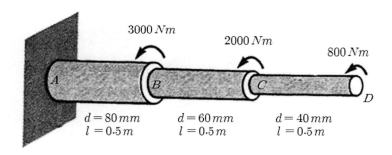

그림 6-6 단면이 변화하는 봉의 비틀림(예제)

2) BC 구간(지름이 60mm 구간)에 발생한 비틀림모멘트는 2,800N · m이고, 극관성모멘트는

$$J_{BC} = \frac{\pi \times d^4}{32} = \frac{\pi \times 60^4}{32} = 1,272,000 \, mm^4$$

$$\varnothing = \frac{Tl}{GJ} = \frac{2,800,000 \times 500}{80,000 \times 1,272,000} = 0.014 \, rad = 0.80°$$

$$\tau = \frac{Tr}{J} = \frac{2,800,000 \times 30}{1,272,000} = 66.0 \, N/mm^2 = 66.0 \, MPa$$

3) AB 구간(지름이 80mm 구간)에 발생한 비틀림모멘트는 5,800N · m이고, 극관성모멘트는

$$J_{AB} = \frac{\pi \times d^4}{32} = \frac{\pi \times 80^4}{32} = 4,021,000 \, mm^4$$

$$\varnothing = \frac{Tl}{GJ} = \frac{5,800,000 \times 500}{80,000 \times 4,021,000} = 0.009 \, rad = 0.51°$$

$$\tau = \frac{Tr}{J} = \frac{5,800,000 \times 40}{4,021,000} = 57.7\,N/mm^2 = 57.7\,MPa$$

최대전단응력은 BC구간에서 66MPa이고, 자유단에서의 총 비틀림각은 각 구간의 비틀림각을 모두 합한 값이므로

$$\varnothing_t = 1.15 + 0.80 + 0.51 = 2.46\,°$$ ■

비틀림에 의한 최대 전단응력은 다음과 같이 표현할 수 있다.

$$\tau_{\max} = \frac{Tr}{J} = \frac{T}{J/r} = \frac{T}{Z_p} \tag{6-9}$$

식에서 Z_p를 극단면계수라 하며 원형단면의 경우 다음과 같다.

$$Z_p = \frac{\pi d^4/32}{d/2} = \frac{\pi d^3}{16} \tag{6-10}$$

비틀림 부재를 설계할 때, 단면적이 일정한 상태에서 극단면계수를 크도록 단면형상을 결정하면 부재의 무게가 일정한 상태에서 비틀림에 의한 전단응력의 크기를 적게 할 수 있으므로 효과적인 형태로 설계할 수 있다.

6.3 순수 전단

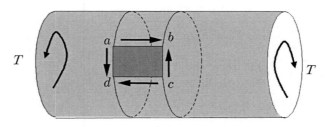

그림 6-7 비틀림에 의한 순수전단

그림 6-7과 같이 원형봉이 비틀림하중을 받으면 수직단면에는 원주방향으로 전단응력을 받는 상태가 되고 그림에 보인 미소요소 abcd의 각 모서리에는 그림과 같은 전단응력 상태가 된다.

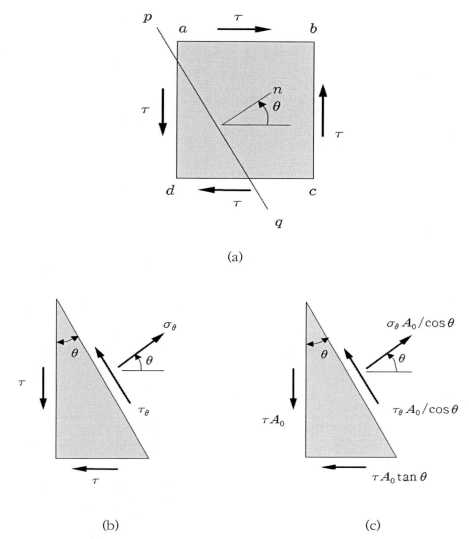

(a)

(b)   (c)

그림 6-8 비틀림을 받는 봉의 경사단면에서의 응력

비틀림을 받는 봉의 축에서 경사진 단면에 발생한 응력을 알아보기로 한다. 그림 6-8에서와 같이 θ만큼 경사진 단면에서의 응력을 구하기로 한다. 먼저 삼각형 요소의 왼쪽 수직단면의 단면적을 A_0라 하면, 아래면의 면적은 $A_0 \tan\theta$, 경사진 면의 면적은 $A_0/\cos\theta = A_0 \sec\theta$ 이다. 경사면에 수직한 응력을 σ_θ, 전단응력을 τ_θ라 하면 삼각형 요소의 각 면에 작용하는 힘은 그림과 같게 된다. 삼각형 요소에 작용한 힘에 대한 평형조건을 적용하면 다음과 같다. 먼저 σ_θ 방향에 대한 힘의 평형조건은

$$\sigma_\theta A_0 \sec\theta - \tau A_0 \sin\theta - \tau A_0 \tan\theta \cos\theta = 0$$

정리하면

$$\sigma_\theta = 2\tau \sin\theta \cos\theta = \tau \sin 2\theta \tag{6-11}$$

τ_θ 방향에 대한 힘의 평형조건은

$$\tau_\theta A_0 \sec\theta - \tau A_0 \cos\theta + \tau A_0 \tan\theta \sin\theta = 0$$

정리하면

$$\tau_\theta = \tau(\cos^2\theta - \sin^2\theta) = \tau \cos 2\theta \tag{6-12}$$

경사면의 방향에 따라 경사면에 발생한 수직응력과 전단응력은 위의 식으로 구할 수 있다. 여기서 $\theta = 45°$ 인 경우 $\sigma_\theta = \tau$, $\tau_\theta = 0$, $\theta = 135°$ 인 경우 $\sigma_\theta = -\tau$, $\tau_\theta = 0$ 가 된다. 결국 순수전단응력 τ 를 받는 부재에서 $45°$ 방향의 경사진 단면의 경우 그림 6-9와 같이 한 면에는 전단응력과 같은 크기의 인장응력이, 경사진 면에 수직한 면에는 똑같은 크기의 압축응력을 받는 상태가 된다.

이러한 이유로 취성이 강한 재료가 순수 비틀림하중을 받게 되는 경우 그림 6-10과 같이 $45°$ 방향으로 파단면이 발생하게 되는데 분필을 비틀어 보면 이러한 현상을 쉽게 확인할 수 있다.

그림 6-9 비틀림을 받는 부재의 45° 방향 응력 상태

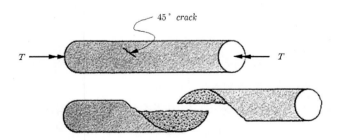

그림 6-10 취성재료의 비틀림에 의한 파괴

6.4 전단에 의한 변형 에너지

그림 6-11과 같이 순수전단하중을 받아 전단변형률이 γ만큼 발생한 경우 전단력에 의해 발생한 변위는 $\delta = \gamma l = \dfrac{\tau}{G} l = \dfrac{V l}{GA}$가 된다.

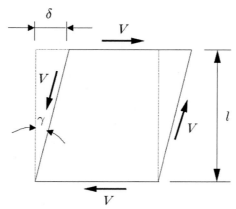

그림 6-11 전단에 의한 변형

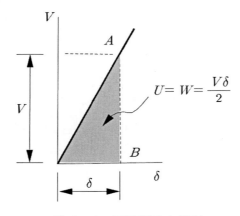

그림 6-12 전단하중과 변형

이 변위는 전단하중의 방향으로 발생하였기에 전단하중은 일을 하게 되고, 일량에 해당하는 만큼 부재 내부에는 변형에너지로 축적되게 된다. 전단력과 변위 사이에는 그림 6-12와 같이 선형탄성거동을 하는 경우 일의 크기는 하중-변위 곡선의 아래 부분 면적과 같게 된다. 결국,

부재에 축적된 변형에너지는

$$U= W= \frac{V\delta}{2}= \frac{V^2 l}{2GA} \tag{6-13}$$

변형에너지 밀도는 단위체적당 내부에너지이므로

$$u= \frac{U}{Al}= \frac{V^2}{2GA^2}= \frac{\tau^2}{2G}, \qquad u= \frac{G\gamma^2}{2} \tag{6-14}$$

원형봉이 순수비틀림을 받는 경우 비틀림모멘트와 비틀림각 사이에 그림 6-13과 같이 선형 탄성관계가 성립하게 되면 비틀림모멘트에 의한 탄성에너지가 부재 내부에 축적되는데 이 크기 또한 비틀림모멘트가 한 일과 같고, 이 일의 크기는 비틀림모멘트-비틀림각 곡선의 아래 부분의 면적에 해당하므로 비틀림에 의한 내부에너지는 다음과 같다.

$$U= \frac{T\varnothing}{2}= \frac{T^2 l}{2GJ} \tag{6-15}$$

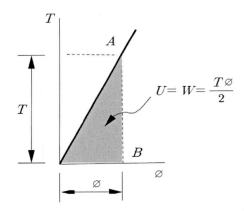

그림 6-13 비틀림하중과 변형

6.5 두께가 얇은 관의 비틀림

그림 6-14와 같이 두께가 얇은 관이 비틀림모멘트를 받는 경우 관에 발생하는 응력에 대해 알아보기로 한다.

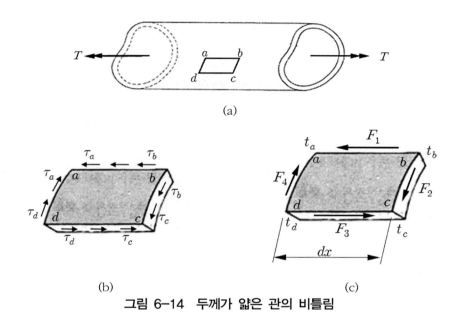

그림 6-14 두께가 얇은 관의 비틀림

관의 두께는 위치마다 다를 수 있으나 관의 단면 크기에 비해 매우 작은 경우, 비틀림하중으로 인해 관에는 그림과 같이 전단응력이 발생하게 된다. 두께가 매우 얇으므로 두께 방향으로의 전단응력의 변화는 무시할 수 있다. 그림처럼 평행사변형 미소요소를 떼어냈을 때 미소요소 abcd에 발생한 전단응력은 그림과 같이 표시할 수 있고, 이러한 응력으로 인한 전단하중을 그림과 같이 나타낼 수 있다. 각 위치에서의 두께를 t라 하면 미소요소의 ab 단면에 발생한 전단력은 $F_1 = \tau_b t_b dx$, cd 단면에 발생한 전단력은 $F_3 = \tau_c t_c dx$가 된다. 그림에서 축 방향의 힘의 평형조건을 적용하면 $F_1 = F_3$가 되므로 $\tau_b t_b = \tau_c t_c$가 된다. 마찬가지 방법으로 $F_2 = F_4$도 성립한다. ab와 cd를 관의 임의의 위치에서 취할 수 있으므로 결국 전단응력과 두께를 곱한 값이 일정하게 된다는 것을 알 수 있다. 전단응력과 두께의 곱을 전단흐름(shear flow)이라 하며 기호 f로 표시하면 다음과 같은 식을 얻게 된다.

$$f = \tau t = 일정 \tag{6-16}$$

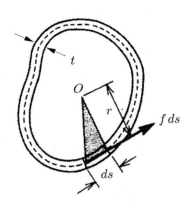

그림 6-15 비틀림 하중과 전단흐름

부재에 가해진 비틀림하중과 전단흐름 사이의 관계를 알아보기 위해 그림 6-15와 같은 단면의 관에 전단흐름 f가 작용한다고 하자. 관 주위의 미소요소 ds를 취하면 미소요소에 발생한 전단력은 $f\,ds$, 이 힘이 관의 중심 O에 대한 미소 비틀림모멘트는 $dT = rf\,ds$이다. 여기서 r은 O 점에서 전단력의 작용선까지의 수직거리이므로 $r\,ds$는 미소길이와 중심점 O가 만드는 삼각형 면적의 2배에 해당한다. 관 둘레에 발생한 전단응력에 의한 비틀림모멘트는 결국 다음과 같이 구할 수 있다.

$$T = f \oint r\,ds = 2A_m f \tag{6-17}$$

식에서 A_m은 관 둘레를 따라 만들어진 단면의 중심선으로 둘러싸인 폐곡선의 면적에 해당한다. 결국, 비틀림모멘트에 의해 관에 발생하는 전단흐름과 전단응력은 다음과 같이 구할 수 있다.

$$f = \tau t = \frac{T}{2A_m}, \qquad \tau = \frac{T}{2A_m t} \tag{6-18}$$

예제 6-3 두께가 얇은 원형관이 비틀림을 받을 때 관에 발생한 전단응력의 크기를 구하시오.

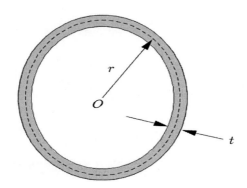

그림 6-16　두께가 얇은 원형 관의 비틀림 응력(예제)

풀이)

두께 t, 관의 반지름 r이라면, 관으로 둘러싸인 부분의 면적은 다음과 같다.

$$A_m = \pi r^2$$

전단흐름과 전단응력은 다음과 같다.

$$f = \tau t = \frac{T}{2A_m} = \frac{T}{2\pi r^2} \qquad\qquad \tau = \frac{T}{2\pi r^2 t}$$

이 결과는 식 (6-7)로도 구할 수 있다. 얇은 도관의 경우 극관성모멘트는 $J = 2\pi r^3 t$이므로

$$\tau = \frac{Tr}{J} = \frac{T}{2\pi r^2 t} \qquad\qquad\qquad\qquad ■$$

예제 6-4 그림과 같은 항공기 날개가 비틀림 모멘트 T를 받고 있다. 그림에서 전방 스파와 후방스파, 상부 스킨과 하부 스킨으로 이루어진 박스형태의 구조부분을 wing box라 하며 날개의 주요하중을 전담하는 형태로 설계되어진다. wing box로 이루어진 사각 형의 면적(음영부분 면적)을 A_w라 하고 spar web의 두께는 t_w, skin의 두께는 t_s라 할 때 각 부위에 발생하는 전단응력의 크기를 구하시오.

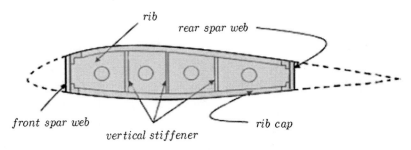

그림 6-17 항공기 날개에 발생한 비틀림 응력(예제)

풀이)

비틀림에 의해 발생한 전단흐름은 다음과 같이 구할 수 있다.

$$f = \frac{T}{2A_w}$$

따라서 스킨과 스파웹에 발생한 비틀림에 의한 전단응력은 다음과 같다.

$$\tau_s = \frac{f}{t_s} = \frac{T}{2A_w t_s} \qquad \tau_w = \frac{f}{t_w} = \frac{T}{2A_w t_w}$$

■

연습문제

문6-1 지름 2 in의 봉에 16,000 in·lb의 비틀림 모멘트가 작용하면 봉에 생기는 최대전단응력은 얼마인가?

문6-2 비틀림 모멘트 15 Nm를 받는 바깥지름 10mm의 중공원형축의 안지름을 구하라. 단, $\tau_a = 220\,MPa$ 이다.

문6-3 지름이 d인 원형 봉이 단위길이 당 비틀림모멘트가 q인 하중을 받고 있다. 보에 발생한 최대 전단응력과 자유단에서의 비틀림각을 구하시오.

문제 6-3

문6-4 그림과 같이 양단이 고정된 봉이 비틀림하중을 받고 있을 때 지지점에서의 반력을 구하시오. 부재의 비틀림 강성은 GJ 이다.

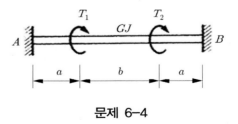

문제 6-4

문6-5 그림과 같이 사각형 형태의 얇은 관이 비틀림 모멘트 T를 받고 있다. 관의 두께는 t로 일정하고 길이는 l이며 한쪽 단만 고정된 외팔보이다. 부재에 발생한 전단응력의 크기를 구하시오. 부재의 두께는 매우 얇아 $t \ll b$인 상태로 가정하시오.

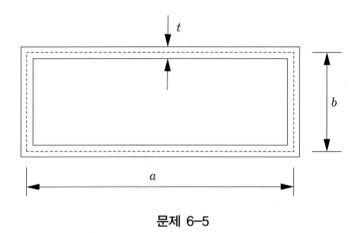

문제 6-5

CHAPTER 07

보의 내력

7.1 보의 반력

그림 7-1과 같이 부재의 길이 방향(축방향)에 수직한 하중을 감당하도록 만들어진 구조부재를 보(beam)라 한다.

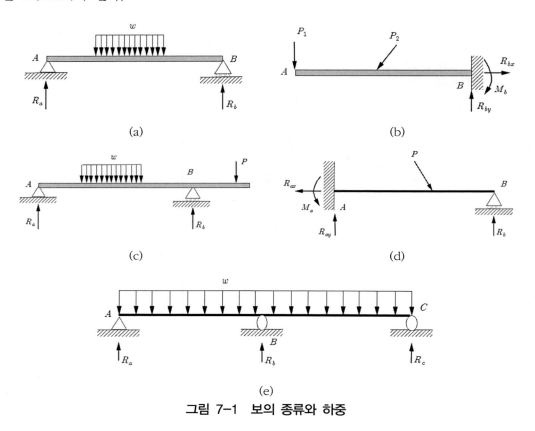

(a)

(b)

(c)

(d)

(e)

그림 7-1 보의 종류와 하중

그림 (a)와 같이 한 끝이 힌지로 지지되고 다른 한 끝이 롤러지지된 보를 단순지지보(simply supported beam)라 한다. 단순지지보의 경우 힌지점은 수평방향과 수직방향 모두 이동하지 못하나 회전에 대해서는 자유롭게 되어 수평방향과 수직방향의 반력은 발생하나 회전반력은 발생하지 않는다. 롤러지지점의 경우는 수직방향의 움직임은 구속되었으나 수평방향은 이동이 자유롭고 회전 또한 자유로우므로 수직방향의 반력만 발생하게 된다. 그림 (b)처럼 한 끝이 고정지지 되고 다른 끝이 자유롭게 된 것을 외팔보(cantilever beam)라 하는데 고정지지점의 경우 수평방향과 수직방향의 이동뿐만 아니라 회전변형도 구속되어 수평방향과 수직방향의 반력과 아울러 굽힘모멘트도 발생할 수 있다. 또한 그림 (c)처럼 단순지지보의 형태로 지지되면서 끝 부분이 지지점을 넘어서 자유단까지 연장된 보를 돌출보라 부르기도 한다. 양단이 고정지지된 보는 양단고정보, 그림 (d)처럼 한 끝은 고정지지, 한 끝은 단순지지된 형태의 보는 일단고정 일단 단순지지보라 부를 수 있다. 그리고 그림 (e)처럼 지지점이 3개 이상 여러 곳에서 지지되는 보를 연속보(continuous beam)라 부른다.

보에 작용하는 하중은 그림에서와 같이 특정 지점에 작용하는 집중하중과 어떤 영역에 걸쳐 분포되어 부가되는 분포하중으로 나눌 수 있다. 분포하중의 경우 그 크기를 단위 길이에 작용하는 하중의 세기(intensity)로 표시할 수 있고, 균일한 크기로 분포된 균일분포하중(uniform load)과 크기가 자유롭게 변화하는 하중의 형태로 나누어 생각할 수 있다. 때로는 모멘트를 발생시키는 우력(couple)의 형태로 작용하는 경우도 있는데 특정지점에 작용해 보에 회전변형을 유발하는 하중이다.

보의 반력을 결정하는데 있어 정역학에서와 같이 힘의 평형조건만으로 반력이나 부재의 내력을 구할 수 있는 정정구조(statically determinate)와 힘의 평형조건 만으로는 반력을 구할 수 없는 부정정구조(statically indeterminate)로 나누어 생각할 수 있다. 2차원 평면에 있는 보의 경우 힘의 평형방정식이 3개이므로 반력의 개수가 3개 이하인 경우 그 크기를 힘의 평형조건만으로 구할 수 있는데 그림 7-1에서 (a), (b), (c)가 이에 해당된다. 그러나 그림 (d), (e)는 반력의 개수가 4개 이상이므로 정역학으로는 그 크기를 구할 수 없는 부정정구조물에 해당한다.

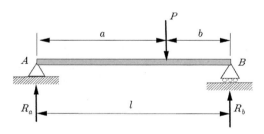

그림 7-2 단순지지보가 집중하중을 받는 경우

그림 7-2와 같이 단순지지보에 집중하중이 부가된 경우 반력을 구하면 다음과 같다.

$$R_a = \frac{Pb}{l} \qquad\qquad R_b = \frac{Pa}{l} \qquad\qquad (7\text{-}1)$$

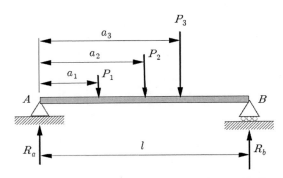

그림 7-3 단순지지보에 여러 개의 하중이 작용하는 경우

그림 7-3과 같이 단순지지보에 3개의 집중하중이 작용하는 경우 반력은 각각의 하중에 의해 발생한 반력을 더함으로써 다음과 같이 구할 수 있다.

$$R_a = \frac{1}{l}\left\{P_1(l-a_1)+P_2(l-a_2)+P_3(l-a_3)\right\}$$

$$R_b = \frac{1}{l}(P_1 a_1 + P_2 a_2 + P_3 a_3)$$

예제 7-1 그림과 같은 보에서 반력을 구하시오.

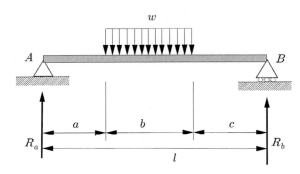

그림 7-4 단순지지보에 분포하중이 작용하는 경우(예제)

풀이)

분포하중의 합은 wb이며 이 힘은 분포 영역의 중앙지점에 집중하중의 형태로 작용하는 것으로 생각하면 그 반력은 다음과 같이 구할 수 있다.

$$\sum Y = R_a + R_b - wb = 0$$

$$\sum M_a = -wb(a + \frac{b}{2}) + R_b l = 0$$

$$R_b = \frac{wb}{l}(a + \frac{b}{2}) \qquad\qquad R_a = \frac{wb}{l}(c + \frac{b}{2})$$ ∎

예제 7-2 그림과 같은 보의 반력을 구하시오.

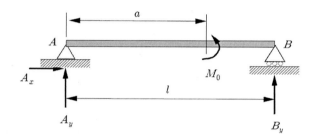

그림 7-5 단순지지보에 모멘트가 작용하는 경우(예제)

풀이)

각 지지점에서의 반력은 그림과 같으며 힘의 평형조건을 적용하여 다음과 같이 구할 수 있다.

$$\sum X = A_x = 0$$

$$\sum Y = A_y + B_y = 0$$

$$\sum M_a = M_0 + B_y l = 0$$

$$A_x = 0 \qquad\qquad A_y = \frac{M_0}{l} \qquad\qquad B_y = -\frac{M_0}{l}$$ ∎

7.2 ⫶ 전단력과 굽힘모멘트

보가 힘을 받으면 보 내부에 응력과 변형이 발생하는데 이들의 크기를 구하기 위해서는 보의 내부에 발생한 내력(internal load)를 먼저 구해야 한다. 그림 7-6과 같은 보의 자유단에 하중이 부가된 경우 자유단에서 x만큼 떨어진 위치의 단면 $m-n$ 내부에 발생한 힘을 구하기 위해서는 해당 단면에서 절단한 부재의 자유물체도로부터 구할 수 있다.

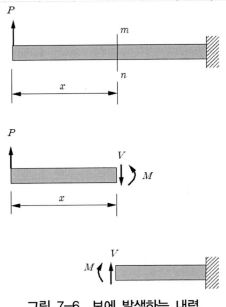

그림 7-6 보에 발생하는 내력

그림과 같이 $m-n$ 단면에 작용하는 힘을 전단력 V와 굽힘모멘트 M으로 표시할 수가 있다. 왼쪽 부재와 오른쪽 부재에 작용하는 전단력과 굽힘모멘트의 크기는 각각 같지만 힘의 방향이 반대로 나타낸 것은 각 힘이 작용-반작용력이기 때문이다. 자유물체도를 그린 후 왼쪽 부재에 힘의 평형조건을 적용하여 전단력과 굽힘모멘트를 다음과 같이 구할 수 있다.

$$\sum Y = P - V = 0$$
$$\sum M_{mn} = -Px + M = 0$$
$$V = P \qquad M = Px$$

식에서 M_{mn} 은 모멘트 평형조건을 적용하는 기준 위치를 $m-n$ 단면으로 취한 것을 말한다. 위에서 구한 전단력과 굽힘모멘트가 x 위치에서 발생한 보의 내력의 크기이다.

향후 적용될 전단력과 굽힘모멘트의 부호규약을 그림 7-7에 보였다. 전단하중은 왼쪽에서 위로, 오른 쪽에서 아래로 향할 때를 (+)로 취하고, 그 반대의 경우를 (-)로 취한다. 굽힘모멘트의 경우 윗 쪽 부분이 압축, 아래 부분에 인장하중이 발생하여 위가 오목하게 변형되는 상태를 (+), 그 반대인 경우를 (-) 값으로 취하기로 한다. 그림에서 보의 왼쪽과 오른 쪽에서 힘의 방향이 서로 반대가 되어야 힘의 평형조건이 만족이 됨을 주지하기 바란다. 보에 발생한 전단력과 굽힘모멘트로 인해 보는 그림 7-7과 같이 변형이 발생하게 된다.

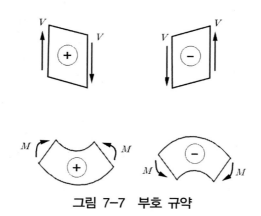

그림 7-7 부호 규약

그림 7-8과 같은 보에서 A 지점에서 x만큼 떨어진 $m-n$ 단면에서의 전단력과 굽힘모멘트를 구해보기로 한다. 먼저 3개의 집중하중에 대한 지지점에서의 반력을 구하면 다음과 같다.

$$R_a = \frac{1}{l}\left\{ P_1(l-a_1) + P_2(l-a_2) + P_3(l-a_3)\right\}$$

$$R_b = \frac{1}{l}\left(P_1 a_1 + P_2 a_2 + P_3 a_3 \right)$$

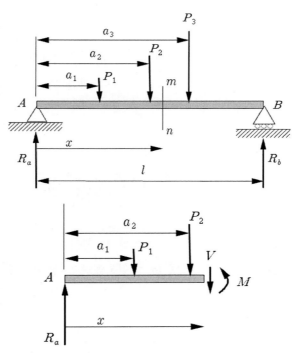

그림 7-8 여러 개의 집중하중을 받는 단순지지보

$m-n$ 단면에서의 내력을 구하기 위해 그림과 같이 $m-n$ 위치에서 절단한 자유물체도에 대한 힘의 평형조건을 적용하기로 한다.

$$\sum Y = R_a - P_1 - P_2 - V = 0$$
$$\sum M_a = -P_1 a_1 - P_2 a_2 - Vx + M = 0$$

식에서 V는 $m-n$ 단면에서의 전단력, M은 $m-n$ 단면에서의 굽힘모멘트를 말하고 M_a는 지지점 A에 대한 모멘트 평형을 취한 것이다. 이들을 정리하여 전단력과 굽힘모멘트를 구하면 다음과 같다.

$$V = \frac{-P_1 a_1 - P_2 a_2 + P_3(l-a_3)}{l}$$

$$M = P_1 a_1 + P_2 a_2 + \frac{x}{l}\{-P_1 a_1 - P_2 a_2 + P_3(l-a_3)\} \tag{a}$$

이해를 돕기 위해서 자유물체도에서 $m-n$ 단면 위치에 대한 모멘트의 평형을 취하여 $m-n$ 단면에서의 굽힘모멘트를 구하면 다음과 같다.

$$\sum M_{mn} = -R_a x + P_1(x-a_1) + P_2(x-a_2) + M = 0$$
$$M = R_a x - P_1(x-a_1) - P_2(x-a_2) \tag{b}$$

두 식 (a), (b)로 구한 모멘트가 결국 같다는 것을 확인하기 바란다. 결국 전단력은 자유물체도에서 단면 $m-n$의 좌측에 작용한 수직방향의 힘의 합을 의미하고, 식 (b)로부터 굽힘모멘트는 자유물체도에서 $m-n$ 단면 왼쪽에 작용한 힘들에 대한 모멘트의 합에 해당함을 알 수 있다.

7.3 하중, 전단력과 굽힘모멘트의 관계

보에 작용하는 하중과 전단력 그리고 굽힘모멘트 사이의 상관관계를 알아보기로 한다. 이 관계를 잘 이해하면 보에 발생하는 전단력과 굽힘모멘트를 쉽게 구할 수 있고, 이에 따른 보의 거동과 응력을 구할 수 있다. 이들의 관계를 알아보기 위해 그림 7-9와 같이 보의 임의 위치에 있는 미소요소 dx에 작용하는 하중과 내력에 대한 자유물체도에 힘의 평형조건을 적용하기로 한다.

$$\sum Y = V - (V + dV) - wdx = 0$$

오른쪽 단면을 기준으로 모멘트 평형을 취하면

$$\sum M = -M + (M + dM) - Vdx + wdx\frac{dx}{2} = 0$$

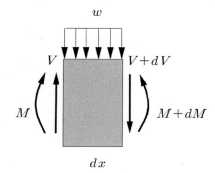

그림 7-9 분포하중과 내력의 관계

미소길이를 취하면 $dx \to 0$ 이므로 $(dx)^2$ 은 다른 항들과 비교할 때 매우 작으므로 무시하고 정리하면

$$\frac{dV}{dx} = -w \tag{7-2}$$

$$\frac{dM}{dx} = V \tag{7-3}$$

여기서 분포하중 w 는 아래 방향으로 작용하는 것을 (+)로 규정하여 사용하기로 한다. 이 식들로부터 분포하중이 없는 경우 보의 전단력은 일정하게 유지된다는 것을 알 수 있고, 전단력이 '0'인 구간에서는 굽힘모멘트의 변화가 없이 일정하게 유지됨을 의미한다. 이 식들을 보의 길이 방향을 따라 A 지점에서 B 지점까지 적분을 취하면 다음과 같다.

$$\int_A^B dV = -\int_A^B wdx \tag{7-4}$$

$$V_b - V_a = -\int_A^B wdx = -(A와 \ B사이의 \ 하중의 \ 세기 \ 선도의 \ 면적) \tag{7-5}$$

결국 B 지점에서의 전단력은 A 지점에서의 전단력에 A-B 사이에 부가된 분포하중의 합을 빼준 것과 같다.(분포하중의 방향이 아래 방향일 때를 정(+)으로 약속한 것에 유의하기 바란다.)

$$\int_A^B dM = \int_A^B V dx \tag{7-6}$$

$$M_b - M_a = \int_A^B V dx = (A와 \ B사이의 \ 전단력 \ 선도의 \ 면적) \tag{7-7}$$

B 지점에서의 굽힘모멘트는 A 지점에서의 굽힘모멘트에 A-B 사이의 전단력 선도의 면적을 더해준 것과 같게 된다.

이번에는 그림 7-10과 같이 집중하중이 작용하는 경우에 대해 생가해 보기로 한다. 그림의 자유물체도에 대한 힘의 평형조건으로부터 다음과 같은 관계를 얻을 수 있다.

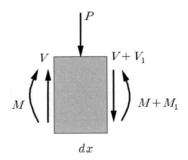

그림 7-10 집중하중과 내력의 관계

수직방향의 힘의 조건으로부터

$$V - (V + V_1) - P = 0$$

$$V_1 = -P$$

여기서 집중하중의 방향이 아래를 향할 때 정(+)의 값으로 취하였다. 결국 위 식을 통해서 집중하중이 작용하는 곳에서 전단력이 집중하중의 크기만큼 갑작스럽게 변화함을 알 수 있다.

오른쪽 단면을 기준으로 굽힘모멘트에 대한 평형조건을 적용하면

$$-M + (M + M_1) - V dx + P\frac{dx}{2} = 0$$

미소요소를 취하면 $dx \to 0$이므로 결국

$$M_1 = 0$$

따라서 집중하중이 부가되는 곳에서 굽힘모멘트는 변함이 없음을 알 수 있다.

마지막으로 그림 7-11에 보인 것과 같이 보에 굽힘모멘트 M_0가 작용하는 미소요소 주위에서의 전단력과 굽힘모멘트의 변화를 알아보기로 한다.

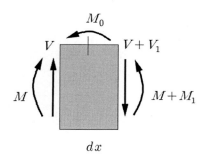

그림 7-11 모멘트와 내력의 관계

그림의 자유물체도로부터 힘의 평형조건을 적용하여 전개하면 다음과 같은 관계식을 얻게된다.

$$V - (V + V_1) = 0$$

$$V_1 = 0$$

굽힘모멘트에 대한 평형조건으로부터

$$-M + (M + M_1) + M_0 - V dx = 0$$

$$M_1 = -M_0$$

결국 굽힘모멘트가 작용하는 지점 좌우에서 전단력의 변화는 없고 굽힘모멘트의 경우 부가된 굽힘모멘트의 크기만큼 변화함을 알 수 있다.

7.4 ⫶ 전단력 선도와 굽힘모멘트 선도

보를 설계하기 위해서는 보 전반에 걸쳐 발생하는 전단력과 굽힘모멘트의 크기를 알 필요가있다. 보의 어느 곳에서 전단력과 굽힘모멘트가 크게 발생하는지를 알고 해당 지점에 발생하는응력의 크기를 구하여 보의 강도와 비교함으로써 보의 안전성 여부를 판단할 수 있기 때문이다. 보에 발생하는 전단력과 굽힘모멘트의 변화를 한 눈에 알아 볼 수 있는 선도를 그리면 보에서내력이 가장 큰 곳을 아주 쉽게 알 수 있다. 보의 위치에 따른 전단력과 굽힘모멘트의 값을 나타낸 그림을 전단력선도(shear force diagram, SFD)와 굽힘모멘트선도(bending moment diagram, BMD)라 한다.

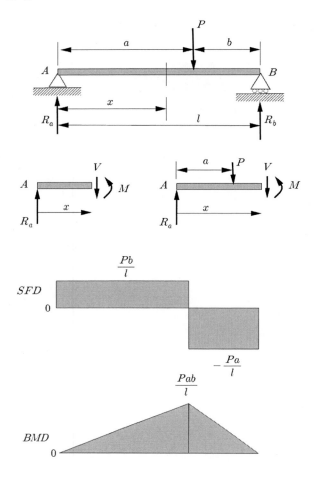

그림 7-12 집중하중을 받는 단순지지보의 내력

그림 7-12와 같이 집중하중을 받는 보에 대한 선도를 그려보기로 한다. 먼저 지지점에서의 반력은 다음과 같다.

$$R_a = \frac{Pb}{l} \qquad\qquad R_b = \frac{Pa}{l}$$

왼편에서 거리 x 만큼 떨어진 곳에서의 전단력과 굽힘모멘트는 보의 왼쪽 자유물체도로부터 다음과 같이 구할 수 있다. $0 < x < a$ 구간에서

$$V = R_a = \frac{Pb}{l}$$

$$M = R_a x = \frac{Pbx}{l} \tag{7-8}$$

집중하중을 지난 곳에서의 전단력과 굽힘모멘트도 자유물체도로부터 다음과 같이 구할 수 있다. $a < x < l$ 구간에서

$$V = R_a - P = -\frac{Pa}{l}$$

$$M = R_a x - P(x-a) = Pa(1 - \frac{x}{l}) \tag{7-9}$$

이렇게 구한 식을 그림으로 표현한 것이 그림에 보인 전단력선도와 굽힘모멘트선도이다. 전단력선도를 살펴보면 지지점 A에서 반력만큼 전단력이 증가해서 집중하중이 작용하는 곳까지 변화없이 일정하게 유지되다(이 구간에서 부가된 하중이 없음을 기억하라) 집중하중이 작용하는 곳에서 집중하중의 크기만큼 갑작스레 변화가 일어난 후 보의 끝까지 일정하게 유지되는 형태로 나타난다. 굽힘모멘트의 선도는 왼쪽에서 '0'로 시작(힌지 지지점의 경우 모멘트반력이 없기 때문)하여 꾸준히 일정한 속도로 증가하다(전단력 선도의 면적이 계속 증가하기 때문) 집중하중이 작용한 지점에서 최대값 $\frac{Pab}{l}$ 에 이르렀다 다시 꾸준히 감소하다(전단력이 (-) 값이라 전단력 선도의 면적이 계속 감소하기 때문) '0'에 이르게 된다(B 지점 역시 회전에 자유롭기 때문에 모멘트 반력이 없기 때문). 굽힘모멘트가 증가하거나 감소하는 속도는 전단력 선도의 면적이 증가하는 속도와 같음을 알 수 있다. 즉 앞에서 서술한 하중과 전단력 사이의 관계식, 전단력과 굽힘모멘트 사이의 관계식과 일치함을 알 수 있다. 앞에서는 보의 왼편에 있는 자유물체도로부터 내력을 구했는데 그림 7-13과 같이 보의 오른편 부재에 대한 자유물체도로부터도 구할 수 있다. 구간 $a < x < l$ 의 경우

$$V + R_b = 0$$

$$V = -R_b = -\frac{Pa}{l}$$

$$-M + R_b(l-x) = 0$$

$$M = R_b(l-x) = \frac{Pa}{l}(l-x)$$

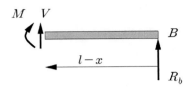

그림 7-13 집중하중을 받는 단순지지보의 내력

이 결과는 집중하중의 왼쪽 부재에 대한 자유물체도로부터 구한 결과와 동일함을 알 수 있다.

예제 7-3 그림과 같은 보의 전단력선도와 굽힘모멘트선도를 그리시오.

풀이)
지지점에서의 반력은 앞에서 구한 것처럼 다음과 같다.

$$R_a = \frac{1}{l}\{P_1(l-a_1)+P_2(l-a_2)+P_3(l-a_3)\}$$

$$R_b = \frac{1}{l}(P_1 a_1 + P_2 a_2 + P_3 a_3)$$

전단력선도는 그림과 같이 보의 왼쪽 지지점에서 '0'에서 반력만큼 증가한 후 일정하게 유지되다 집중하중 P_1이 작용한 곳에서 P_1만큼 감소한 후 다시 일정하게 유지되다 집중하중 P_2가 작용한 곳에서 P_2만큼 감소한 후 다시 일정하게 유지되다 집중하중 P_3가 작용한 곳에서 P_3만큼 감소한 후 다시 일정하게 유지되다 오른쪽 지지점에서 반력만큼 증가하여 '0'이 된다.

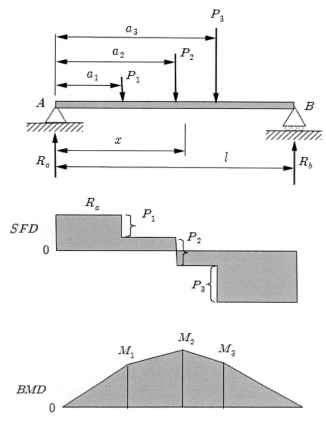

그림 7-14 여러 개의 집중하중을 받는 단순지지보의 내력(예제)

    굽힘모멘트선도의 경우 A 지점에서 '0'으로부터 시작하여 전단력선도의 면적이 증가하는 만큼 계속 증가하다 P_2 지점을 지나서는 감소하기 시작한다. 다만 $0 < x < a_1$ 구간과 $a_1 < x < a_2$ 구간에서의 전단력이 다르므로 그 크기만큼 굽힘모멘트선도의 기울기가 변화되어 나타난다. P_2 지점을 지나면서 전단력의 절대 크기가 (-) 값으로 변화하여 이후 전단력선도의 면적이 (-) 방향으로 증가하기 때문에 P_2 지점을 지나서는 굽힘모멘트가 감소하기 시작한다. 따라서 전단력 값의 부호가 바뀌는 곳에서 굽힘모멘트는 극값을 가지게 되므로 보에 발생한 굽힘모멘트의 최대값만을 알고자 하는 경우에는 전단력선도로부터 전단력의 부호가 변화하는 지점마다 굽힘모멘트를 구하여 비교하면 된다.

예제 7-4 그림과 같이 a 지점에서 굽힘모멘트를 받는 보의 전단력선도와 굽힘모멘트선도를
그리시오.

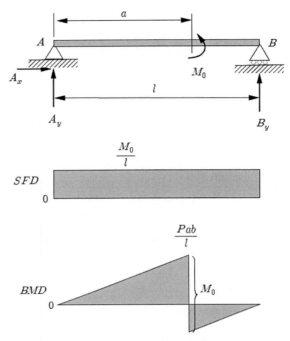

그림 7-15 모멘트를 받는 단순지지보의 내력(예제)

풀이)
굽힘모멘트로 인해 지지점에서 발생하는 반력을 구하기 위해 평형조건을 적용하면 다음과
같다.

$$A_x = 0$$

$$A_y + B_y = 0$$

$$M_0 + B_y l = 0$$

반력의 크기는

$$A_y = \frac{M_0}{l} \qquad\qquad B_y = -\frac{M_0}{l}$$

전단력선도는 그림과 같이 A 지점에서 반력 $\frac{M_0}{l}$ 만큼 증가한 후 일정하게 유지되다 B 지점에
서 '0'으로 감소한다. 보에 부가된 분포하중이나 집중하중이 없기 때문에 전단력의 변화가
발생하지 않았다. 굽힘모멘트의 경우 A 지점에서 '0'으로 시작하여 점차 증가하다 M_0 가 작용

한 곳에서 M_0만큼 갑자기 감소한 후 다시 일정하게 증가하여 B점에 이르러서 '0'이 된다. 식으로 나타내면 다음과 같다.

$$M = \frac{M_0}{l}x \qquad\qquad (0 < x < a)$$

$$M = \frac{M_0}{l}x - M_0 \qquad\qquad (a < x < l)$$

M_0의 크기변화는 M_0가 부가된 곳에서 보가 어떻게 변형되는가를 생각하면 그 부호를 알 수 있다. 그림에서와 같이 보에 반시계방향의 모멘트가 부과되면 모멘트 작용점의 왼쪽 부재 는 보의 아래 쪽이 볼록한 형태(굽힘모멘트의 부호가 '+' 상태)이던 것이 작용점을 지난 오른편 에서는 위쪽으로 볼록한 형태(굽힘모멘트의 부호가 '-' 상태)로 변형하게 되므로 해당 작용점에 서 굽힘모멘트가 감소하는 것으로 나타난 것이다. ∎

예제 7-5 그림과 같이 단순지지보에 두 개의 집중하중이 작용할 때 전단력선도와 굽힘모멘트 선도를 그리시오.

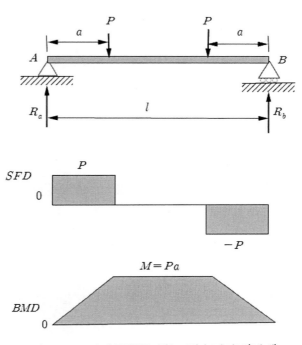

그림 7-16 순수굽힘을 받는 단순지지보(예제)

풀이)

좌우 대칭 형태이므로 지지점에서의 반력은 $R_a = R_b = P$이므로 전단력선도는 그림과 같다. A 지지점에서 반력만큼 증가한 후 일정하게 유지되다 집중하중이 작용하는 곳에서 그 크기만큼 감소하여 '0'이 되었다 두 번째 집중하중이 작용한 곳에서 P만큼 추가로 감소한 후 일정하게 유지되다 B 지점에서 반력만큼 증가하여 '0'이 된다.

굽힘모멘트선도는 A점에서 '0'부터 시작하여 전단력선도의 면적이 증가하는 것에 맞추어 첫 번째 집중하중이 작용하는 곳까지 일정하게 증가하며 다음과 같다.

$$M = R_a x = Px \qquad (0 < x < a)$$

이후 두 번째 집중하중까지는 전단력이 '0'이므로 굽힘모멘트가 일정한 값을 유지하다 두 번째 집중하중을 지나면서 전단력선도의 면적이 (-) 방향이므로 일정하게 감소하며 다음 식으로 표현된다.

$$M = Pa - P(x - (l-a)) \qquad (l-a < x < l) \qquad ■$$

본 예제의 경우 보의 중앙에는 전단력이 발생하지 않고 굽힘모멘트만 발생한다. 이와 같은 상태를 순수굽힘 상태라고 한다.

예제 7-6 그림과 같이 단순지지보에 균일한 분포하중이 작용할 때 보 내부에 발생하는 전단력과 굽힘모멘트에 대한 선도를 그리시오.

풀이)

분포하중으로 인한 반력의 크기는 $R_a = R_b = \dfrac{wl}{2}$ 이므로 전단력선도는 그림과 같이 A 지점에서 $wl/2$ 만큼 증가한 후 단위길이당 w 의 크기로 점차 감소하다 보의 중앙에서 '0'이 되고 계속 감소하여 B 점에서 $-wl/2$ 에 이르렀다 반력만큼 증가하여 '0'이 된다. 식으로 표현하면 다음과 같다.

$$V = \frac{wl}{2} - wx \tag{7-10}$$

굽힘모멘트선도는 A점에서 '0'에서 시작하여 x 만큼 떨어진 곳에서 굽힘모멘트의 크기는 전단력선도의 x 위치 좌측의 면적에 해당하며 다음과 같다.

$$M = \frac{wlx}{2} - \frac{wx^2}{2} \tag{7-11}$$

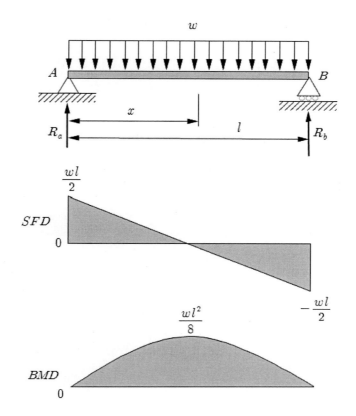

그림 7-17 분포하중을 받는 단순지지보의 내력(예제)

굽힘모멘트의 최대값은 보의 중앙에서 나타나며 다음과 같다. 전단력선도의 왼쪽 삼각형 면적에 해당한다.

$$M_{max} = \frac{1}{2}\left(\frac{wl}{2}\right)\frac{l}{2} = \frac{wl^2}{8} \tag{7-12}$$

∎

예제 7-7 그림과 같이 두 개의 집중하중이 작용하는 외팔보의 전단력선도와 굽힘모멘트선도를 그리시오.

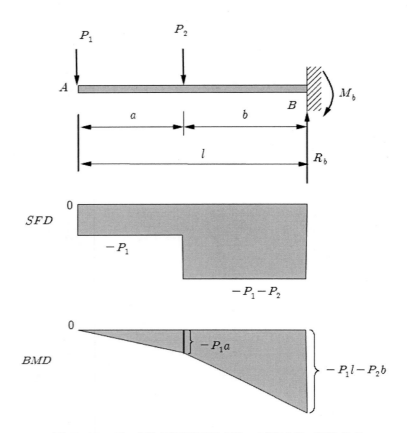

그림 7-18 두 개의 집중하중을 받는 외팔보의 내력(예제)

풀이)

전단력선도는 자유단에서 하중 P_1만큼 감소한 후 일정하게 유지되다 두 번째 집중하중이 작용하는 곳에서 P_2만큼 추가로 감소한 후 B 점에서 반력 $P_1 + P_2$만큼 증가하는 형태가 된다.

굽힘모멘트선도는 자유단에서 떨어진 거리 x에서 전단력선도의 왼쪽 부분 면적에 해당하므로 다음과 같다.

$$M = -P_1 x \qquad (0 < x < a)$$

$$M = -P_1 x - P_2(x-a) \qquad (a < x < l)$$

굽힘모멘트의 최대치(절대치)는 고정지지점에 나타나며 그 크기는 다음과 같다.

$$M_{\max} = -P_1 l - P_2(l-a) = -P_1 l - P_2 b \qquad\blacksquare$$

예제 7-8 그림과 같이 외팔보가 균일한 분포하중을 받을 때 보에 발생한 전단력선도와 굽힘모멘트선도를 그리시오.

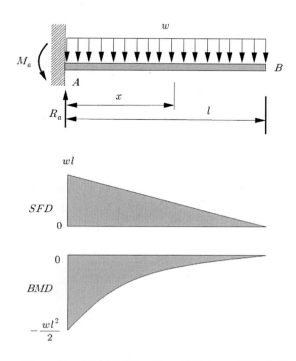

그림 7-19 분포하중을 받는 외팔보의 내력(예제)

풀이)

그림의 경우 왼쪽 고정점에 발생한 반력의 크기는 다음과 같다.

$$R_a = wl \qquad\qquad M_a = \frac{wl^2}{2} \qquad\qquad (7\text{-}13)$$

전단력선도는 다음과 같다. 고정지지점에서 반력만큼 증가한 후 분포하중 세기의 기울기로 감소하다 자유단에 이르러 '0'이 된다.

$$V = wl - wx \qquad\qquad\qquad (7\text{-}14)$$

굽힘모멘트는 고정지지점에서 모멘트반력의 크기만큼 (-) 값에서 시작(부가된 굽힘모멘트로 보는 아래로 오목한 형태로 구부러지므로 음의 값이 됨) 시작하여 전단력선도의 면적에 해당하는 만큼씩 증가하다 자유단에 이르러 '0'이 된다.

$$M = -\frac{wl^2}{2} + wlx - \frac{wx^2}{2} \tag{7-15}$$

■

연습문제

문7-1~5 그림과 같은 하중을 받는 보의 전단력 선도와 굽힘 모멘트 선도를 그리시오

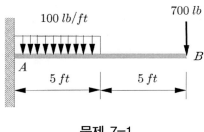

문제 7-1

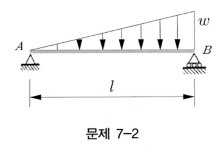

문제 7-2

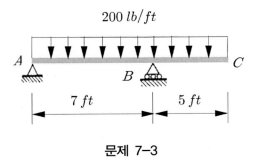

문제 7-3

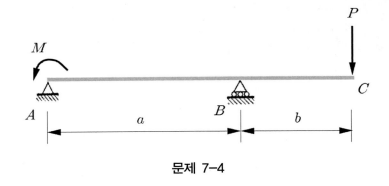

문제 7-4

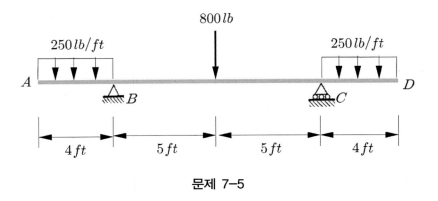

문제 7-5

CHAPTER

08

보의 응력

8.1 개요

그림 8-1과 같이 보가 하중을 받으면 구부러지는 변형이 발생한다. 굽힘변형은 앞 장에서 서술한 보 내부에 발생한 굽힘모멘트로 인해 발생하게 되는데 이 장에서는 굽힘모멘트로 인해 보 내부에 발생하는 응력의 크기를 알아보기로 한다. 이 장에서 대상으로 하는 보의 단면형상은 좌우가 대칭인 것, 즉 보의 굽힘모멘트를 유발시키는 수직하중 방향의 축을 대칭축으로 하는 단면형상에 적용할 수 있다. 아울러 보 내부의 전단력으로 인해 발생하는 전단응력의 크기도 알아보기로 한다.

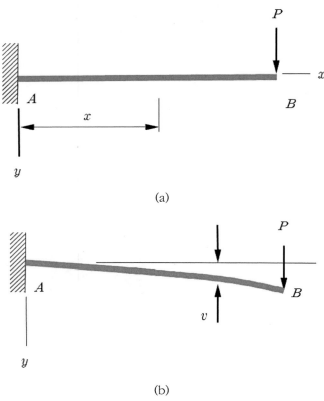

(a)

(b)

그림 8-1 보의 거동

8.2 : 보의 굽힘응력

순수 굽힘모멘트를 받는 보에 발생하는 응력을 알아보기 위해 그림 8-2와 같이 보가 굽힘모멘트 M을 받고 있을 때 단면 $m-n$과 단면 $p-q$로 이루어지는 보의 미소구간 dx를 생각해 보기로 한다.

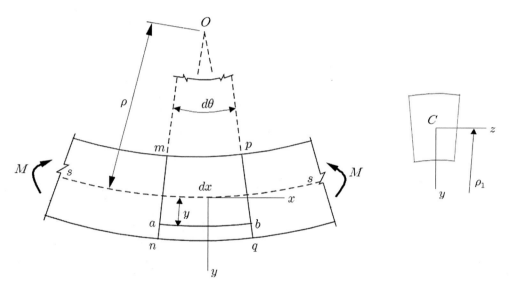

그림 8-2 순수굽힘에 의한 보의 변형

굽힘모멘트를 받아 보가 변형하는 동안 단면 $m-n$과 단면 $p-q$는 계속 평면을 유지하는 것으로 생각한다. 보의 축방향에 수직한 두 단면은 굽힘변형이 발생한 상태에서도 계속 평면상태로 유지되며 변형 후 두 단면의 접선은 그림에 나타난 바와 같이 O점에서 만나게 되고 단면의 중심축은 결국 그림의 O점을 중심으로 하는 원호 형태로 구부러지게 된다. 결국 그림에서 보의 상부는 길이가 감소하고 보의 하부는 길이가 증가하는 형태로 변형이 나타나게 되어 상부에는 압축하중이 하부에는 인장하중이 발생함을 알 수 있다. 그리고 보의 길이방향 변형량은 단면의 위치에 따라 다른 값을 가지는데 어떤 곳에서는 길이의 변화가 발생하지 않는다. 길이가 변화하지 않는 면을 중립면(neutral surface)이라 하고 중립면과 축방향에 수직한 단면이 만나 만들어지는 축을 중립축이라 하는데 그림에서 z축이 단면에 대한 중립축이다. 보의 길이 방향으로 상부에서는 압축하중을 받으므로 그림에 보인 것처럼 z축 방향으로 팽창하고,

하부에서는 인장하중을 받으므로 z 축 방향으로 수축하게 된다. 원호 형상으로 변형된 보의 중심 O에서 중립면까지의 거리를 보의 곡률반지름 ρ, dx 구간에 대한 원 중심에서의 변화각을 $d\theta$ 라 하고 중립면에서 y 만큼 떨어진 곳(그림의 $a-b$)에서의 변형을 살펴보기로 한다. 변형전의 길이는 중립면에서의 길이 $dx = \rho d\theta$ 이었으나 변형 후에는 $(\rho+y)d\theta$ 이므로 변형량 $d\delta$ 와 변형률 ϵ 은 다음과 같다.

$$d\delta = (\rho + y)d\theta - dx = yd\theta$$

$$\epsilon = \frac{yd\theta}{dx} = \frac{y}{\rho} \tag{8-1}$$

보가 선형탄성거동을 하는 경우 보에 발생한 응력은 후크의 법칙에 의해서 다음과 같이 된다.

$$\sigma = E\epsilon = E\frac{y}{\rho} \tag{8-2}$$

이 식으로부터 알 수 있는 바와 같이 굽힘하중에 의해 발생하는 수직응력의 크기는 중립축으로부터의 거리에 비례해서 증가함을 알 수 있으며 중립축의 한쪽 면은 인장응력이 반대쪽 면은 압축응력이 발생하게 된다.

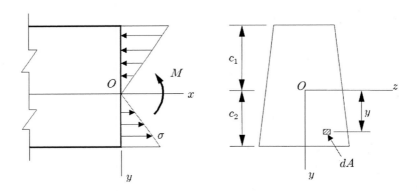

그림 8-3 굽힘응력

이제 보 단면 전체에 나타난 수직응력에 대해 생각하기로 한다. 그림 8-3과 같은 보의 단면에서 중립축으로부터 y 만큼 떨어진 곳에 위치한 미소요소 dA 에는 인장응력 $\dfrac{Ey}{\rho}$ 으로 인해 미소 힘 $dF = \sigma dA = \dfrac{Ey}{\rho}dA$ 가 발생하게 된다. 보 내부에는 축방향(x 방향) 힘이 없기 때문에 단면 전반에 걸친 미소 힘을 전부 합하면 그 크기는 '0'이 되어야 하므로 다음과 같은 결과를 얻을 수 있다.

$$F = \int_A \frac{Ey}{\rho} dA = \frac{E}{\rho} \int_A y \, dA = 0 \qquad \int_A y \, dA = 0 \qquad (8\text{-}3)$$

$\int_A y \, dA$ 는 단면에 대한 1차모멘트를 말하며 부록에 상세하게 서술되어 있다. 단면에 대한 1차모멘트가 '0'이라는 것은 중립축인 z축이 단면의 중심을 통과한다는 것을 의미한다.

아울러 수직응력으로 인해 중립축에 미소모멘트를 발생시키는데 그 크기는 $dM = \sigma dA y$ $= \frac{Ey^2}{\rho} dA$ 이다. 단면 전반에 발생한 수직응력으로 인한 모멘트의 총합은 다음과 같이 구할 수 있으며 그 크기는 보의 굽힘변형을 유발시킨 보의 내력, 즉 굽힘모멘트의 크기와 같다.

$$M = \int_A \frac{Ey^2}{\rho} dA = \frac{E}{\rho} \int_A y^2 \, dA$$

여기서 $\int_A y^2 \, dA$ 는 단면에 대한 2차모멘트 또는 관성모멘트라 부르는 것으로 기호로 I라 표기하며, 단면의 형상에 따라 결정되는 값이고 부록에 상세하게 설명되었다. 결국,

$$M = \frac{EI}{\rho} \qquad I = \int_A y^2 \, dA \qquad (8\text{-}4)$$

여기에 식 (8-2)의 결과를 적용하면 다음과 같이 보 내부에 발생하는 굽힘응력의 크기를 결정하는 식을 얻을 수 있다.

$$M = \frac{EI}{\rho} = \frac{EI}{Ey/\sigma} = \frac{I\sigma}{y}$$

$$\sigma = \frac{My}{I} \qquad (8\text{-}5)$$

위 식에서 EI로 표기된 것을 굽힘강성(bending rigidity)이라 하는데, 굽힘하중을 받는 부재의 굽힘변형의 정도를 결정하는 물리량이 된다. 결국 굽힘응력은 앞에서 말한 바와 같이 중립축으로부터 떨어진 거리에 비례해서 증가하며, 최대 굽힘응력은 중립축으로부터 가장 먼 곳에서 발생하며 그 크기는 다음과 같다.

$$\sigma_{\max} = \frac{Mc}{I} \qquad (8\text{-}6)$$

식에서 c는 보 단면의 중립축에서 가장 먼 곳까지의 거리를 말한다.

보에 발생한 굽힘모멘트의 부호가 (+)인 경우 보의 상면에 압축응력이, 하면에는 인장응력이 발생하는 상태가 되며, 굽힘모멘트가 (-)인 경우 보의 상면에는 인장응력, 하면에는 압축응력이

나타나게 된다. 이러한 특성을 반영하기 위해 앞의 그림에서 y축의 방향을 취했음을 확인하기 바란다.

그리고 최대굽힘응력에 대한 식은 다음과 같은 형태로도 쓸 수 있다.

$$\sigma_{max} = \frac{M}{I/c} = \frac{M}{Z} \qquad\qquad Z = \frac{I}{c} \qquad\qquad (8\text{-}7)$$

Z 값은 단면계수(section modulus)라 부르는 것으로 단면의 형상에 따라 결정되어지는 값이며 이 값이 클수록 굽힘응력은 적게 되므로 보의 단면형상을 설계할 때 단면적은 적으면서 단면계수를 크게 만들면 가벼우면서 굽힘에 강한 보의 형상을 얻을 수 있게 된다.

그림 8-4와 같은 단면에서의 중심에 대한 관성모멘트와 단면계수는 다음과 같다.

직사각형 단면

$$I = \frac{bh^3}{12} \qquad\qquad Z = \frac{bh^2}{6} \qquad\qquad (8\text{-}8)$$

원형 단면

$$I = \frac{\pi d^4}{64} = \frac{\pi r^4}{4} \qquad\qquad Z = \frac{\pi d^3}{32} = \frac{\pi r^3}{4} \qquad\qquad (8\text{-}9)$$

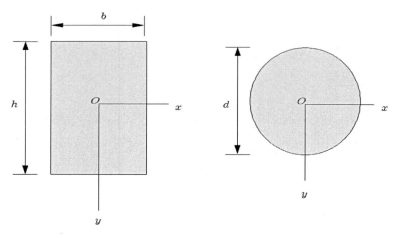

그림 8-4 보의 단면과 관성모멘트

부록에 여러 가지 단면형상에 대한 특성들이 정리되어 있다.

예제 8-1 그림과 같이 지름 d 인 원형 강선이 반지름 r 인 원통주위를 굽은 상태로 돌아가고 있다. 굽힘변형으로 인해 강선에 발생한 응력의 크기와 굽힘모멘트의 크기는?

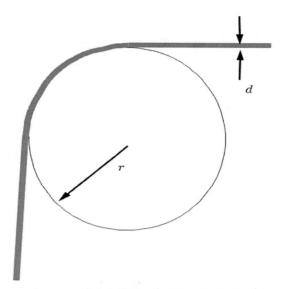

그림 8-5 순수굽힘에 의한 굽힘응력(예제)

풀이)

원통의 중심에서 강선의 중심까지의 거리는 $r + \dfrac{d}{2}$ 이고 이 값을 곡률반경으로 강선이 굽힘변

형을 하므로 강선 최 외곽에서의 변형률은 $\epsilon = \dfrac{y_{\max}}{\rho} = \dfrac{d/2}{\rho} = \dfrac{d}{2r+d}$ 이므로 최대 굽힘응력은

$$\sigma_{\max} = E\epsilon_{\max} = \frac{Ed}{2r+d}$$

원통 위를 감기 위한 굽힘모멘트는 $\sigma = \dfrac{Mc}{I}$ 로부터 다음과 같이 구할 수 있다.

$$M = \frac{I}{c}\sigma = \frac{\pi d^4/64}{d/2}\,\frac{Ed}{2r+d} = \frac{\pi Ed^4}{32(2r+d)} \qquad\blacksquare$$

예제 8-2 그림과 같이 집중하중을 받는 보에 발생한 굽힘응력의 최대값은 얼마인가? 보의 형상은 폭이 20mm, 높이가 40mm인 직사각형이다.

풀이)
굽힘모멘트가 최대인 지점에서 굽힘응력이 최대이므로 먼저 굽힘모멘트의 크기를 구하기로 한다. 각 지지점에서의 반력은 다음과 같다.

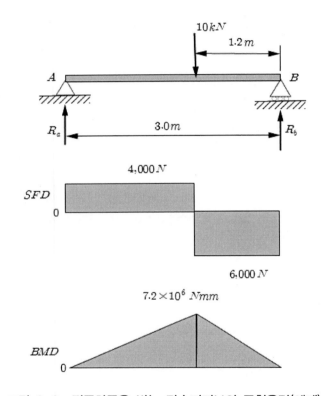

그림 8-6 집중하중을 받는 단순지지보의 굽힘응력(예제)

$$R_a = \frac{1.2}{3} \times 10{,}000 = 4{,}000\,N \qquad R_b = 10{,}000 - 4{,}000 = 6{,}000\,N$$

보에 발생하는 전단력선도와 굽힘모멘트선도를 그리면 그림과 같다.
집중하중을 받는 곳에서 굽힘모멘트가 최대이며, 그 크기는 전단력선도에서의 집중하중 왼쪽 부분의 면적에 해당하므로 다음과 같이 구할 수 있다.

$$M_{\max} = 4{,}000 \times 1.8 = 7{,}200\,Nm = 7.2 \times 10^6\,Nmm$$

보의 관성모멘트는 다음과 같다.

$$I = \frac{bh^3}{12} = \frac{20 \times 40^3}{12} = 1.07 \times 10^5 \, mm^4$$

최대 굽힘응력은 다음과 같다.

$$\sigma_{\max} = \frac{M_{\max} c}{I} = \frac{7.2 \times 10^6 \times 20}{1.07 \times 10^5} = 1,345 \, N/mm^2 = 1,345 \, MPa \qquad \blacksquare$$

예제 8-3 그림과 같이 모멘트 하중을 받는 보에 발생한 굽힘응력의 최대값은 얼마인가? 보의 단면 $w = 200 \, mm$, $h = 170 \, mm$, $t_f = 15 \, mm$, $t_w = 10 \, mm$인 I-빔이다.

풀이)

I-빔의 관성모멘트는 부록 예제 A1-3)으로부터 다음과 같이 구해진다.

$$I = 2 \left(\frac{200 \times 15^3}{12} + 200 \times 15 \times (85 + 7.5)^2 \right) + \frac{10 \times 170^3}{12}$$

$$= 55.5 \times 10^6 \, mm^4$$

단순지지보의 반력을 먼저 구하면 다음과 같다.

$$\sum F_y = -R_a + R_b = 0$$

$$\sum M_A = 100 - 3 R_b$$

$$R_b = 33.3 \, kN, \qquad R_a = 66.7 \, kN$$

보에 발생하는 전단력 선도와 굽힘모멘트 선도는 그림과 같으며, 최대 굽힘모멘트는 모멘트 하중이 가해지는 지점에서 발생하고 그 크기는 다음과 같다.

$$M_{\max} = 33.3 \times 2 = 66.7 \, kNm = 66.7 \times 10^6 \, Nmm$$

최대 굽힘응력의 크기는 다음과 같다.

$$\sigma_{\max} = \frac{M_{\max} c}{I} = \frac{66.7 \times 10^6 \times 100}{55.5 \times 10^6} = 120 \, N/mm^2 = 120 \, MPa$$

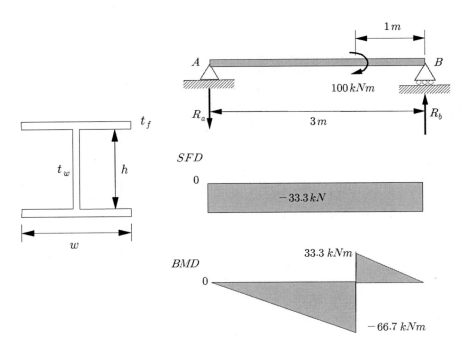

그림 8-7 모멘트 하중을 받는 단순지지보의 굽힘응력(예제)

예제 8-4 길이가 6 ft이고 지름이 10 in인 원형단면보가 그림과 같이 하중을 받을 때 보에 발생한 최대 굽힘응력은 얼마인가?

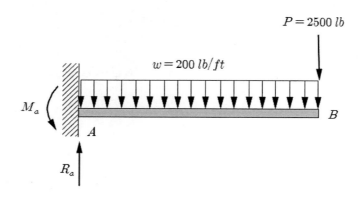

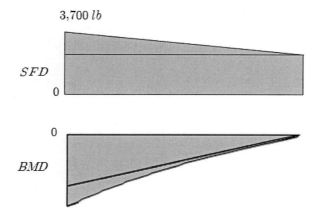

그림 8-8 분포하중을 받는 외팔보의 굽힘응력(예제)

풀이)

고정지지점에서의 반력을 구하면 다음과 같다.

$$R_a = P + wl = 2,500 + 200 \times 6 = 3,700 \ lb$$

$$M_a = -Pl - wl \times \frac{l}{2} = -2,500 \times 6 - 200 \times 6 \times \frac{6}{2}$$
$$= -18,600 \ ft \cdot lb = -223,200 \ in \cdot lb$$

이해를 돕기 위해 전단력선도와 굽힘모멘트선도를 그림에 보였다.

보의 관성모멘트는 $I = \dfrac{\pi d^4}{64} = \dfrac{\pi \times 10^4}{64} = 490 \ in^4$ 이므로 최대 굽힘응력의 크기는 다음과 같다.

$$\sigma_{\max} = \frac{M_{\max} c}{I} = \frac{223,200 \times 5}{490} = 2,280 \ psi$$ ■

8.3 ⋮ 보에 발생하는 전단응력

보에는 굽힘모멘트 뿐만 아니라 전단력도 발생하므로 이로 인한 전단응력이 발생하게 된다.

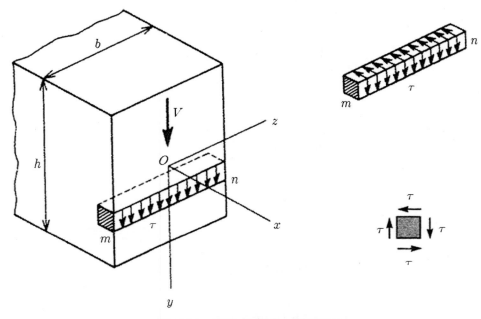

그림 8-9   보에 발생하는 전단응력

그림 8-9와 같이 폭이 b 이고 높이가 h 인 직사각형보의 내부에 그림과 같이 전단력 V 가 발생하면 단면에 그림과 같은 전단응력이 발생하게 된다. 이 전단응력은 단면 내의 위치에 따라 달라지는데 그 크기를 구해보기로 한다.

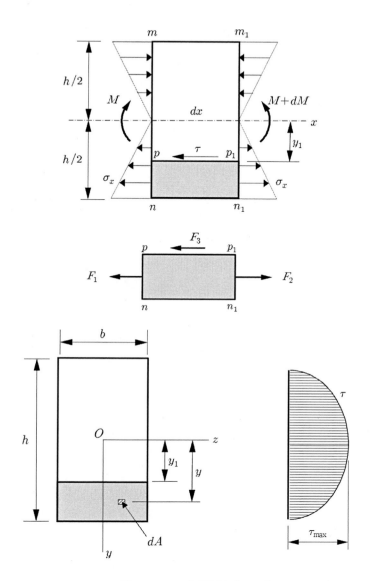

그림 8-10 전단응력의 크기

보의 임의 지점에서의 내력이 굽힘모멘트 M이라 하면, 거리 dx 떨어진 곳에서의 굽힘모멘트는 $M+dM$이 된다. 그림 8-10과 같이 보의 미소 요소의 좌우 단면에는 굽힘응력이 발생하고 보에서 음영처리된 부분에 발생한 축력을 다음과 같이 구할 수 있다. 먼저 미소단면적에 발생한 수직응력으로 인한 하중의 크기는 다음과 같다.

$$\sigma_x dA = \frac{My}{I} dA$$

좌측단면에서 굽힘응력으로 $y = y_1$에서 $y = h/2$ 사이에 발생한 하중 F_1은 다음과 같다.

$$F_1 = \int_{y_1}^{h/2} \frac{My}{I} dA$$

우측단면에 발생한 힘의 합 F_2는 다음과 같다.

$$F_2 = \int_{y_1}^{h/2} \frac{(M+dM)y}{I} dA$$

마지막으로 $y = y_1$인 면(단면적 $b\,dx$)에 발생한 전단응력 τ에 해당하는 수평방향 힘 F_3는 다음과 같다.

$$F_3 = \tau b\, dx$$

음영부분의 미소요소를 이루는 모든 단면에 작용한 힘들에 대해 평형조건을 적용하면 $-F_1 + F_2 - F_3 = 0$, 즉, $F_3 = F_2 - F_1$ 이다. 따라서 다음과 같이 전단응력의 크기를 구할 수 있다.

$$\tau b\, dx = \int_{y_1}^{h/2} \frac{(M+dM)y}{I} dA - \int_{y_1}^{h/2} \frac{My}{I} dA = \frac{dM}{I} \int_{y_1}^{h/2} y\, dA$$

$$\tau = \frac{(dM/dx)}{bI} \int_{y_1}^{h/2} y\, dA = \frac{V}{bI} \int_{y_1}^{h/2} y\, dA$$

여기서, $Q = \int y\, dA$는 음영부분에 대한 1차모멘트에 해당한다. 보의 단면에서 1차 모멘트의 최대값은 보의 중심에서 아래 부분(또는 위 부분) 단면에 대한 1차모멘트이므로 전단응력의 최고값은 단면의 중앙부분에서 최대가 되며 그 크기는 다음과 같이 구할 수 있다.

$$\tau = \frac{VQ}{bI} \qquad\qquad Q = \int y\, dA \tag{8-10}$$

통상 보에 발생한 전단응력의 크기는 보의 강도와 비교할 때 매우 작은 크기여서 간략한 설계 시 무시되는 경우가 많다. 궁극적으로 보는 굽힘하중에 의한 굽힘응력을 보가 견뎌낼 수 있는가에 구조물의 안전여부가 좌우된다.

8.4 :: 굽힘에 의한 변형 에너지

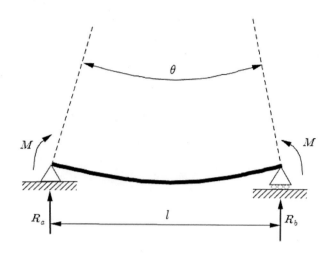

그림 8-11 보의 굽힘변형과 변형에너지

그림 8-11과 같이 보의 양단에 굽힘모멘트 M을 받는 순수굽힘상태에 놓이면 원호의 형상으로 구부러진다. 그림과 같이 원호의 중심과 보의 양단이 이루는 각을 θ라 하고 원호의 곡률반경을 ρ라 하면 $\theta = l/\rho$가 된다. 굽힘응력에 대해 서술한 식 (8-4)에서 $\dfrac{1}{\rho} = \dfrac{M}{EI}$ 이므로 굽힘모멘트와 굽힘에 의한 보의 회전각 사이에는 다음의 관계식이 성립한다.

$$\theta = \frac{Ml}{EI} \tag{8-11}$$

부재가 선형탄성거동을 하는 경우 굽힘모멘트의 크기와 회전각 θ는 그림과 같이 비례관계가 성립한다. 수직하중과 전단하중에서 설명한 바와 같이 굽힘모멘트를 받아 부재가 구부러지는 동안 구부리는 방향으로 회전변형을 하게 되어 결국 굽힘모멘트가 일을 하게 되고 그 크기는 그림에서 음영으로 표시된 부분의 면적의 크기와 같게 된다. 이러한 일 에너지는 에너지보존법칙에 따라 부재에 변형에너지(탄성에너지)의 형태로 축적이 된다. 따라서 굽힘에 의한 변형에너지의 크기는 다음과 같이 구할 수 있다.

$$U = W = \frac{M\theta}{2} = \frac{M^2 l}{2EI} \tag{8-12}$$

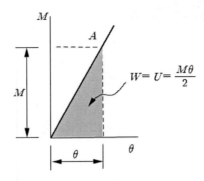

그림 8-12 보의 굽힘변형과 변형에너지

연습문제

문8-1 그림과 같은 보에 발생하는 최대 굽힘응력을 구하시오. 보의 단면은 지름이 5 in인 원형 단면이다.

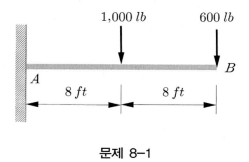

문제 8-1

문8-2 폭이 3 in, 높이가 5 in인 직사각형 단면의 보가 그림과 같은 하중을 받고 있을 때, 보에 발생하는 최대 전단응력과 굽힘응력을 구하시오.

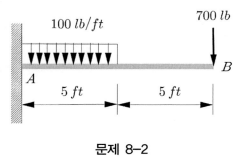

문제 8-2

문8-3 그림과 같은 보에 발생하는 최대 굽힘응력을 구하시오. 보의 단면은 지름이 100 mm인 원형 단면이다.

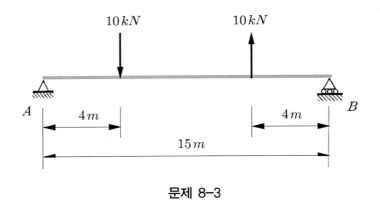

문제 8-3

문8-4 폭이 50 mm, 높이가 150 mm인 직사각형 단면의 보가 그림과 같은 하중을 받고 있을 때, 보에 발생하는 최대 전단응력과 굽힘응력을 구하시오.

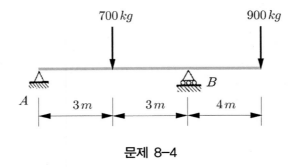

문제 8-4

문8-5 그림과 같이 외팔보의 자유단에 굽힘모멘트가 작용할 때 보에 저장되는 변형 에너지는 얼마인가? 단, 보의 굽힘강성은 EI, 단면적은 A, 길이는 l이다.

문제 8-5

CHAPTER O9

조합응력

9.1 : 개요

구조물의 내부에는 단면에 수직한 방향의 수직응력(인장응력 또는 압축응력)과 단면에 평행한 접선응력(전단응력)이 복합적으로 발생한다. 이러한 응력의 크기는 단면의 방향을 어떻게 취하느냐에 따라서 그 크기가 변화한다. 5.4절에서 수직응력만 존재하는 단면에서 경사진 방향의 단면에 발생하는 수직응력과 전단응력에 대해 기술하였고, 6-3절에서는 순수전단응력 상태의 단면에서 45° 방향으로 경사진 방향의 단면을 취하면 한쪽면에는 인장응력이 이 면과 90° 방향인 면에는 순수압축응력 상태가 된다는 것을 기술한 바 있다. 이 장에서는 여러 가지 응력상태에 대해 기술하고 임의 방향의 단면에 발생하는 응력의 크기가 어떻게 결정되는지 알아보기로 한다.

그림 9-1, 9-2, 9-3, 9-4와 같이 부재 내 2차원 미소요소에 발생한 응력의 상태에 따라 1축 응력, 2축 응력, 순수전단응력, 평면응력 상태로 분류할 수 있다.

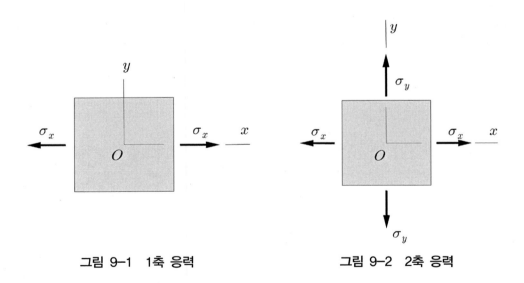

그림 9-1 1축 응력   그림 9-2 2축 응력

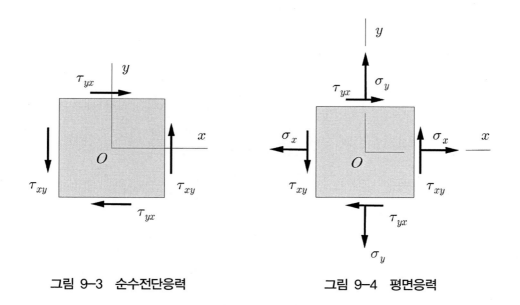

그림 9-3   순수전단응력   그림 9-4   평면응력

9.2 ⫶ 평면응력

그림 9-5에 보인 것처럼 미소요소의 x, y, z축 방향을 취했을 때, z 방향에 수직한 단면에 응력이 발생하지 않은 상태를 평면응력 상태에 놓았다고 한다.

2차원 문제의 경우 평면응력 상태가 가장 일반 형태이므로 평면응력 상태에서 단면의 방향을 변화시켰을 때 응력이 어떻게 변화하는지 알아보기로 한다.

먼저 응력에 대한 표시방법을 규정하기로 한다. 수직응력의 경우 기호 σ_x, σ_y 로 표시하고 전단응력의 경우 τ_{xy} 로 나타내기로 한다. 여기서 수직응력의 하첨자는 단면의 수직방향을 의미하고 전단응력의 경우 첫 번째 하첨자는 단면에 수직한 방향의 축, 두 번째 하첨자는 응력의 방향을 말한다. 그림에서 x축에 수직한 단면에 발생한 수직응력은 σ_x, 전단응력은 τ_{xy}, y축에 수직한 단면에 발생한 수직응력은 σ_y, 전단응력은 τ_{yx}로 표시된다. 응력의 부호는 그림에 보인 방향을 (+)로 하고 반대방향인 경우를 (-) 값으로 한다. 수직응력의 경우 인장응력일 때 (+), 압축응력일 때 (-), 전단응력의 경우 단면의 바깥쪽으로 수직한 방향이 축의 (+) 방향일 때는 응력의 방향이 (+)축 방향일 때를 (+)로 한다. 그림에서처럼 미소요소의 왼쪽 단면은 단면에 수직한 방향이 (-) x축 방향이므로 수직응력이 (-) x 축 방향(결국 인장응력 상태가 됨)일 때 (+)가 되고(인장응력), 전단응력은 (-) y축 방향일 때가 (+) 값이 된다. 미소요

소의 상면(+y 축방향)과 하면(-y 축 방향)에 표기한 수직응력과 전단응력의 (+) 방향도 확인하
기 바란다.

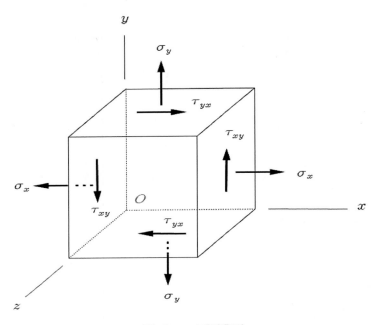

그림 9-5 평면응력

그림과 같은 평면응력상태에서도 미소요소에 작용하는 힘에 대한 정역학적 평형조건이 성립
해야 하는데, 요소의 중심에 대한 모멘트의 평형조건으로부터 전단응력은 다음 관계가 항상
성립한다.

$$\tau_{xy} = \tau_{yx} \tag{9-1}$$

그림 9-5의 응력 상태에서 $\sigma_x \neq 0$, $\sigma_y \neq 0$, $\tau_{xy} = \tau_{yx} = 0$ 인 상태, 즉 전단응력이 없고
수직응력만 존재하는 경우를 2축응력 상태라 한다.

이제 경사평면에 발생하는 응력의 크기를 구해보기로 한다. 그림 9-6에 보인 것처럼 x축과
θ 만큼 경사진 축을 x_1 이라 하고, 경사진 단면에 발생한 응력을 σ_{x_1}, 전단응력을 $\tau_{x_1 y_1}$ 이라
하자. 그림에서 x, y축에 수직한 단면에 발생한 응력 σ_x, σ_y, τ_{xy} 은 그 크기를 이미 알고
있다. 그림에서와 같이 삼각형 미소요소에 작용하는 모든 힘의 합력이 '0'이 되어야 한다.
각 면에 작용하는 힘의 크기를 그림에 보였다.

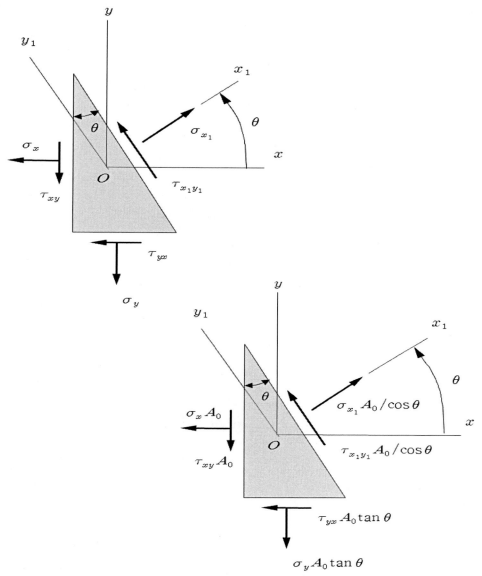

그림 9-6 경사단면에서의 응력

먼저 요소의 수직면의 면적을 A_0 라 하면 하면의 단면적은 $A_0 \tan\theta$, 경사진 면의 단면적은 $A_0/\cos\theta = A_0 \sec\theta$ 가 된다. 따라서 수직단면에 작용하는 힘은 다음과 같다. 단면에 수직한 힘은 수직응력에 의해 발생한 힘으로 그 크기는 $\sigma_x A_0$, 전단하중은 전단응력에 의한 것으로 $\tau_{xy} A_0$ 가 된다. 경사진 면의 수직하중과 전단하중, 하면에서의 수직하중과 전단하중의 크기를 확인하기 바란다. 이제 그림에 보인 삼각형요소의 자유물체도에 대한 힘의 평형조건을 적용하기로 한다. 먼저 x_1 방향의 힘의 평형조건을 적용하면 다음과 같다.

$$\sigma_{x_1} A_0 / \cos\theta - \sigma_x A_0 \cos\theta - \tau_{xy} A_0 \sin\theta - \sigma_y A_0 \tan\theta \sin\theta - \tau_{yx} A_0 \tan\theta \cos\theta = 0$$

마찬가지로 y_1 방향의 힘의 평형조건을 적용하면 다음과 같다.

$$\tau_{x_1 y_1} A_0 / \cos\theta + \sigma_x A_0 \sin\theta - \tau_{xy} A_0 \cos\theta - \sigma_y A_0 \tan\theta \cos\theta + \tau_{yx} A_0 \tan\theta \sin\theta = 0$$

$\tau_{xy} = \tau_{yx}$ 를 적용하고, 위 식을 정리하면 다음 결과를 얻는다.

$$\sigma_{x_1} = \sigma_x \cos^2\theta + \sigma_y \sin^2\theta + 2\tau_{xy} \sin\theta \cos\theta$$

$$\tau_{x_1 y_1} = -(\sigma_x - \sigma_y) \sin\theta \cos\theta + \tau_{xy}(\cos^2\theta - \sin^2\theta)$$

이 식은 삼각함수의 관계를 적용하여 다음과 같이 변환될 수 있다.

$$\cos^2\theta = \frac{1}{2}(1 + \cos 2\theta) \qquad \sin^2\theta = \frac{1}{2}(1 - \cos 2\theta)$$

$$\sin\theta \cos\theta = \frac{1}{2}\sin 2\theta$$

$$\sigma_{x_1} = \frac{\sigma_x + \sigma_y}{2} + \frac{\sigma_x - \sigma_y}{2}\cos 2\theta + \tau_{xy}\sin 2\theta \tag{9-2}$$

$$\tau_{x_1 y_1} = -\frac{\sigma_x - \sigma_y}{2}\sin 2\theta + \tau_{xy}\cos 2\theta \tag{9-3}$$

이 식으로부터 경사진 단면에 발생하는 수직응력과 전단응력을 구할 수 있는데 이 식을 평면응력의 변환공식이라 한다.

아울러 $\theta + 90°$ 만큼 경사진 단면에 발생하는 수직응력 σ_{y_1} 을 식 (9-2)에서 θ 대신 $\theta + 90$ 을 대입하여 구하면 다음과 같다.

$$\sigma_{y_1} = \frac{\sigma_x + \sigma_y}{2} - \frac{\sigma_x - \sigma_y}{2}\cos 2\theta - \tau_{xy}\sin 2\theta \tag{9-4}$$

예제 9-1 단면의 방향에 관계없이 직교하는 두 단면에 발생한 수직응력의 합은 항상 일정함을 증명하시오.

풀이)

임의 경사진 단면과 이 단면에 90° 더 회전한 단면에 발생한 수직응력의 합은 식 (9-2)와
식 (9-4)를 대입하여 정리하면 다음과 같이 된다.

$$\sigma_{x_1} + \sigma_{y_1} = \sigma_x + \sigma_y$$ ■

9.3 주응력과 최대 전단응력

구조물을 설계할 때 부재의 안전성을 판단하기 위해서는 부재 내부에 발생한 최대응력의
크기를 구하여 이 값과 부재의 강도를 비교하여야 한다.

앞 절에서 서술한 임의 단면에서의 수직응력과 전단응력 σ_{x_1}, σ_{y_1}, $\tau_{x_1 y_1}$ 이 단면의 방향에
따라 어떻게 변화하는지 그 모양을 그래프로 나타낸 하나의 사례가 그림 9-7이다. 그래프로부
터 전단응력이 '0'이 될 때 수직응력이 최대 또는 최소가 됨을 알 수 있다. 여기서 수직응력의
최대값을 주응력 σ_1, 최소값을 주응력 σ_2 라 한다. 주응력(principal stress)은 다음의 식으로
구할 수 있다.

$$\sigma_1 = \frac{\sigma_x + \sigma_y}{2} + \sqrt{(\frac{\sigma_x - \sigma_y}{2})^2 + \tau_{xy}{}^2}$$ (9-5)

$$\sigma_2 = \frac{\sigma_x + \sigma_y}{2} - \sqrt{(\frac{\sigma_x - \sigma_y}{2})^2 + \tau_{xy}{}^2}$$ (9-6)

주응력이 존재하는 단면에서 전단응력은 '0'이 된다. 그리고 최대전단응력은 주응력이 발생
하는 단면과 45° 경사진 단면에서 발생하며 그 크기는 두 주응력의 차이의 절반과 같다.

$$\tau_{\max} = \sqrt{(\frac{\sigma_x - \sigma_y}{2})^2 + \tau_{xy}{}^2} = \frac{\sigma_1 - \sigma_2}{2}$$ (9-7)

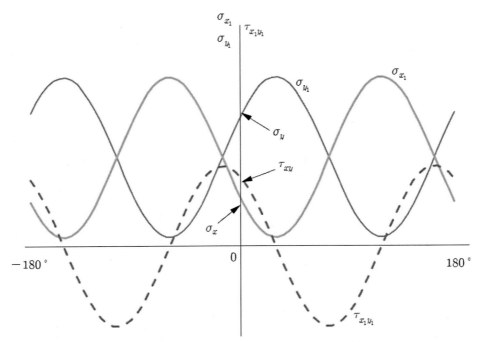

그림 9-7 경사면의 각도에 따른 응력의 변화

9.4 : 모어 원

그림 9-6에 보인 것과 같이 각도 θ 만큼 경사진 면에 발생한 응력의 크기는 다음과 같이 나타낼 수 있다.

$$\sigma_{x_1} - \frac{\sigma_x + \sigma_y}{2} = \frac{\sigma_x - \sigma_y}{2} \cos 2\theta + \tau_{xy} \sin 2\theta$$

$$\tau_{x_1 y_1} = -\frac{\sigma_x - \sigma_y}{2} \sin 2\theta + \tau_{xy} \cos 2\theta$$

위 식의 양변을 제곱하여 정리하면 다음과 같다.

$$(\sigma_{x_1} - \frac{\sigma_x + \sigma_y}{2})^2 = (\frac{\sigma_x - \sigma_y}{2})^2 \cos^2 2\theta + (\sigma_x - \sigma_y)\tau_{xy} \sin 2\theta \cos 2\theta + \tau_{xy}^2 \sin^2 2\theta$$

$$\tau_{x_1 y_1}^2 = (\frac{\sigma_x - \sigma_y}{2})^2 \sin^2 2\theta - (\sigma_x - \sigma_y)\tau_{xy} \sin 2\theta \cos 2\theta + \tau_{xy}^2 \cos^2 2\theta$$

위 두 식의 양변을 각각 더하고 $\sin^2 2\theta + \cos^2 2\theta = 1$ 라는 관계식을 적용하고 정리하면 다음 결과를 얻는다.

$$(\sigma_{x_1} - \frac{\sigma_x + \sigma_y}{2})^2 + \tau_{x_1y_1}^2 = (\frac{\sigma_x - \sigma_y}{2})^2 + \tau_{xy}^2 \tag{9-8}$$

위 식의 우변 항을 $r^2 = (\frac{\sigma_x - \sigma_y}{2})^2 + \tau_{xy}^2$ 이라 하면, 위 식은 중심의 좌표가 $(\frac{\sigma_x + \sigma_y}{2}, 0)$이고 반지름이 r인 원을 나타내는 식이 되는데, 이 원을 모어 원이라 한다. 모어 원 상에 위치한 점의 좌표는 어떤 경사면 상의 수직응력과 전단응력의 크기를 의미하는데, 이러한 특성을 이용하여 임의로 경사진 단면 상의 응력을 모어 원을 사용하여 쉽게 구할 수 있게 된다.

그림과 같은 미소요소의 단면에 발생한 평면응력 상태에서 각도 θ 만큼 회전한 경사면에서의 응력을 모어 원을 적용하여 구하기로 한다. 먼저, 응력의 방향이 그림과 같을 때, 그 값을 (+)로 하고, 경사면의 응력, σ_{x_1}, σ_{y_1}, $\tau_{x_1y_1}$ 를 구하기로 한다.

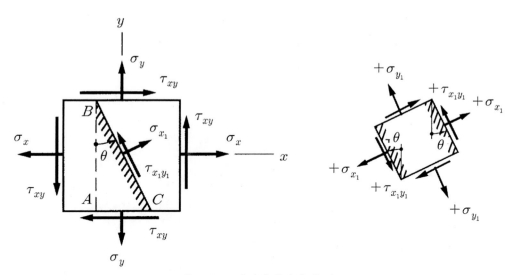

그림 9-8 경사면에서의 응력

모어 원을 그리는 방법은 다음과 같다.

1) 수평축을 수직응력, 수직축을 전단응력으로 표기한다. 이때 전단응력은 아래 방향이 (+)로 취한다.
2) 수평, 수직 단면의 응력 상태(그림에서 지점 A, B)를 표시하고 AB를 지름으로 하는

원을 그린다. 원의 중심의 좌표는 ($\frac{\sigma_x + \sigma_y}{2}$, 0)이 된다. 각 점의 좌표가 응력 값에 해당한다. 수직응력은 인장인 경우 (+) 값이고, 전단응력의 부호는 미소요소의 중심을 기준으로 했을 때, 전단응력에 의한 모멘트가 반시계 방향이면 (+), 시계 방향이면 (-) 값으로 취한다.

3) θ 만큼 회전한 경사면의 응력은 모어 원에서 그림과 같이 2θ 만큼 회전한 지점(그림에서 D, E)의 좌표 값에 해당한다.

4) 주응력 상태는 전단응력이 '0'인 상태이므로 그림에서 점 G와 H에 해당한다. 주응력 상태의 단면은 원래 단면에서 시계 방향으로 θ_p 만큼 회전한 경사단면의 수직응력에 해당한다.

5) 최대 전단응력은 그림에서 점 M과 N에 해당하며, 최대 전단응력이 발생하는 단면에서의 수직응력은 $\frac{\sigma_x + \sigma_y}{2}$ 이 되고, 최대 전단응력의 크기는 $\left(\frac{\sigma_x - \sigma_y}{2}\right)^2 + \tau_{xy}^2$ 이며 모어 원의 반지름에 해당한다.

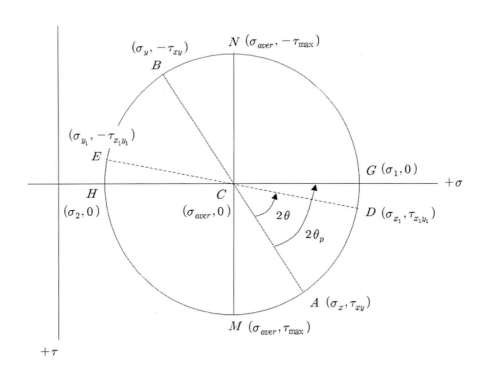

그림 9-9 모어 원

예제 9-2 평면응력 상태가 $\sigma_x = 15,000\,\text{psi}$, $\sigma_y = 5,000\,\text{psi}$, $\tau_{xy} = 8,000\,\text{psi}$일 때, 모어 원을 사용하여 1) 주응력을 구하시오. 2) 최대 전단응력을 구하시오. 3) $\theta = 40°$인 경사면의 응력을 구하시오.

풀이)

먼저 모어 원의 중심좌표와 반지름을 구하기로 한다.

$$\frac{\sigma_x + \sigma_y}{2} = 10,000 \text{ psi}$$

$$r = \sqrt{(\frac{\sigma_x - \sigma_y}{2})^2 + \tau_{xy}^2} = \sqrt{5,000^2 + 8,000^2} = 9,434 \text{ psi}$$

주응력이 발생하는 면의 각도는

$$\theta_p = \frac{1}{2} tan^{-1}(\frac{\tau_{xy}}{(\sigma_x - \sigma_y)/2}) = 29°$$

1) 주응력의 크기는

$$\sigma_1 = \frac{\sigma_x + \sigma_y}{2} + r = 19,434 \text{ psi}$$

$$\sigma_2 = \frac{\sigma_x + \sigma_y}{2} - r = 566 \text{ psi}$$

2) 최대 전단응력의 크기는

$$\tau_{\max} = r = 9,434 \text{ psi}$$

3) $\theta = 40°$인 경사면의 응력의 크기는 그림에서 보는 것처럼 수평축으로부터 반시계 방향으로 22°회전한 D점의 좌표에 해당하므로

$$\sigma_{x_1} = \frac{\sigma_x + \sigma_y}{2} + r\cos 22 = 18,747 \text{ psi}$$

$$\tau_{x_1y_1} = -r\sin 22 = -3,534 \text{ psi}$$

$$\sigma_{y_1} = \frac{\sigma_x + \sigma_y}{2} - r\cos 22 = 1,253 \text{ psi}$$

그림 9-11에 원래 요소와 경사 방향 요소에 작용하는 응력을 표시하였다. 40°경사면에서 (-)값을 가지므로 그림에서 전단응력의 방향이 바뀌었음을 확인하기 바란다.

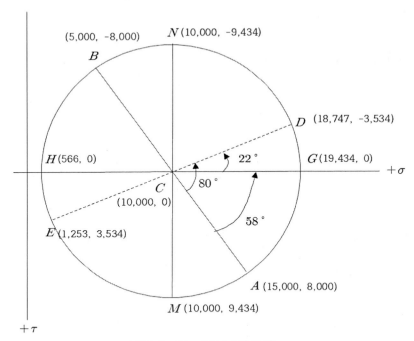

그림 9-10 모어 원(예제)

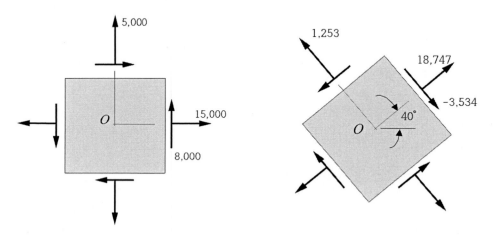

그림 9-11 평면응력의 변환(예제)

예제 9-3 평면응력 상태가 $\sigma_x = 32\,\text{ksi}$, $\sigma_y = -32\,\text{ksi}$, $\tau_{xy} = 0\,\text{ksi}$일 때, 모어 원을 사용하여 $\theta = 45°$인 경사면의 응력을 구하시오.

풀이)

먼저 모어 원의 중심좌표와 반지름을 구하기로 한다.

$$\frac{\sigma_x + \sigma_y}{2} = 0\,\text{ksi}$$

$$r = \sqrt{(\frac{\sigma_x - \sigma_y}{2})^2 + \tau_{xy}^2} = 32\,\text{ksi}$$

주어진 예제에 대한 모어 원을 그리면 그림에 보인 것처럼 원점을 중심으로 하고 반지름이 32인 원에 해당한다. 따라서 45°경사면의 응력 상태는 그림에 보인 것처럼 90°회전한 지점의 응력이므로 수직응력 $\sigma_{x_1} = \sigma_{y_1} = 0$, $\tau_{x_1 y_1} = -32\,\text{ksi}$이고, 그림과 같은 응력 상태가 된다. 그림과 같이 수직응력이 없고 전단응력만 발생한 경우를 순수전단이라 한다.

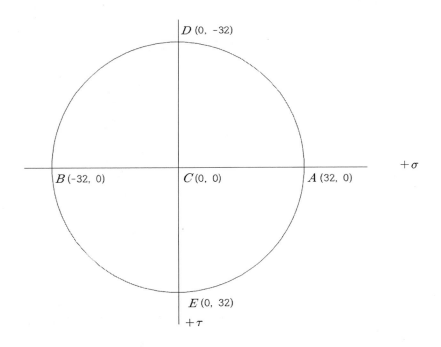

그림 9-12 평면응력의 변환(예제)

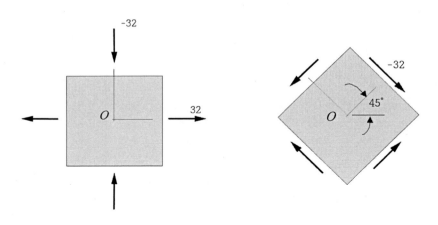

그림 9-13 평면응력의 변환(예제)

9.5 평면응력에 대한 Hooke의 법칙

등방성(isotropic)이고 균질한(homogeneous) 재료가 선형탄성(linear elastic) 거동을 하는 경우 Hooke의 법칙이 성립하는데 물체 안에 발생한 응력과 변형률 사이에는 다음과 같은 관계가 성립한다. 그림 9-14와 같은 평면응력 상태에서 각 방향의 변형률은 다음과 같다.

$$\epsilon_x = \frac{1}{E}(\sigma_x - \nu\sigma_y) \tag{9-9}$$

$$\epsilon_y = \frac{1}{E}(\sigma_y - \nu\sigma_x) \tag{9-10}$$

$$\epsilon_z = -\frac{\nu}{E}(\sigma_x + \sigma_y) \tag{9-11}$$

$$\gamma_{xy} = \frac{\tau_{xy}}{G} \tag{9-12}$$

이들은 다음과 같이 표현할 수도 있다.

$$\sigma_x = \frac{E}{1-\nu^2}(\epsilon_x + \nu\epsilon_y) \tag{9-13}$$

$$\sigma_y = \frac{E}{1-\nu^2}(\epsilon_y + \nu\epsilon_x) \tag{9-14}$$

$$\tau_{xy} = G\gamma_{xy} \tag{9-15}$$

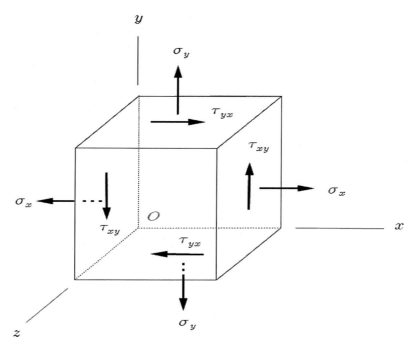

그림 9-14   평면응력

9.6 ┊ 탄성계수 E와 G의 관계

그림 9-15와 같이 부재 내부의 한 변의 길이가 h인 정사각형 요소가 순수전단을 받는 경우를 생각하기로 한다. 순수전단으로 인해 부재는 그림 (c)와 같이 전단변형이 발생하여 a, c 지점에서는 직각이던 것이 전단각 γ만큼 줄어들게 되고 b, d에서는 γ만큼 각도가 증가하게 된다. 이로 인해 대각선 ac는 길이가 증가하고 대각선 bd는 길이가 감소한다.

순수전단 상태인 정사각형 요소의 단면이 그림 (b)처럼 45° 회전시킨 요소에 발생하는 응력의 크기를 앞 절에서 얻은 식으로부터 구할 수 있다. 순수전단 상태에서는 $\sigma_x = \sigma_y = 0$, $\tau_{xy} = \tau$이므로, 45° 회전된 상태에서는 다음과 같다.

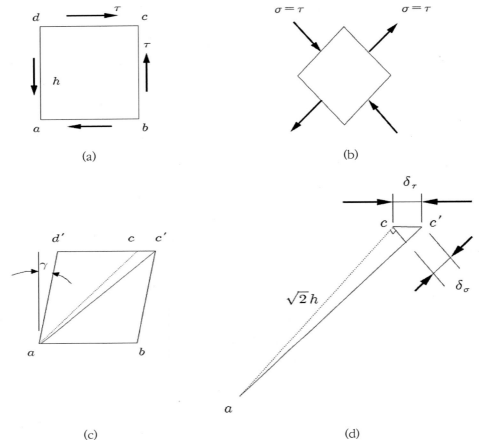

그림 9-15 탄성계수 E와 G의 관계

$$\sigma_{x_1} = \frac{\sigma_x + \sigma_y}{2} + \frac{\sigma_x - \sigma_y}{2}\cos 2\theta + \tau_{xy}\sin 2\theta = \tau$$

$$\sigma_{y_1} = \frac{\sigma_x + \sigma_y}{2} - \frac{\sigma_x - \sigma_y}{2}\cos 2\theta - \tau_{xy}\sin 2\theta = -\tau$$

$$\tau_{x_1 y_1} = -\frac{\sigma_x - \sigma_y}{2}\sin 2\theta + \tau_{xy}\cos 2\theta = 0$$

결국 그림 (b)와 같은 응력 상태가 된다. 이와 같은 2축 응력 상태에서 그림 (d)의 대각선 인장응력 방향의 변형량은 다음과 같이 구할 수 있다.

$$\epsilon_{x_1} = \frac{1}{E}(\sigma_{x_1} - \nu\sigma_{y_1}) = \frac{\tau}{E}(1+\nu)$$

$$\delta_\sigma = l_{ac}\,\epsilon_{x_1} = \sqrt{2}\,h\frac{\tau}{E}(1+\nu)$$

한편 순수전단 상태에서의 변형은 그림 (d)의 c점에서 수평방향으로 발생하며 그 크기는 다음과 같다.

$$\gamma = \frac{\tau}{G}$$

$$\delta_\tau = h\gamma = h\left(\frac{\tau}{G}\right)$$

전단변형률의 크기가 $\gamma \ll 1$임을 생각하고, 순수전단에 의한 변형과 이축응력에 의한 변형의 방향을 고려하면 $\delta_\tau = \sqrt{2}\,\delta_\sigma$이므로

$$h\frac{\tau}{G} = 2\,h\frac{\tau}{E}(1+\nu)$$

따라서 다음 결론을 얻는다.

$$G = \frac{E}{2(1+\nu)} \tag{9-16}$$

따라서 $E,\ G,\ \nu$ 중 2 개의 값을 알면 다른 하나는 위 관계식으로부터 구할 수 있다.

9.7 3축응력

그림 9-16과 같이 서로 직교하는 방향으로 작용하는 수직응력 $\sigma_x,\ \sigma_y,\ \sigma_z$ 를 받는 부재의 한 요소를 살펴보기로 한다.

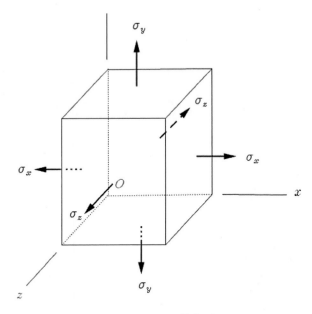

그림 9-16 3축응력

그림과 같이 수직응력만 존재하고 전단응력이 존재하지 않는 경우 3축응력 상태에 있다고 한다. 전단응력이 없으므로 σ_x, σ_y, σ_z 는 주응력이 된다. 3축응력 조건에서 변형률은 Hooke의 법칙을 적용하면 다음과 같이 나타낼 수 있다.

$$\epsilon_x = \frac{\sigma_x}{E} - \frac{\nu}{E}(\sigma_y + \sigma_z)$$

$$\epsilon_y = \frac{\sigma_y}{E} - \frac{\nu}{E}(\sigma_z + \sigma_x)$$

$$\epsilon_z = \frac{\sigma_z}{E} - \frac{\nu}{E}(\sigma_x + \sigma_y)$$

$(9\text{-}17)$

연습문제

문9-1 그림과 같은 평면응력 상태에서 각 응력의 값이 다음과 같을 때 x축과 θ만큼 경사진 단면의 미소요소에 작용하는 응력을 구하시오.

1) $\sigma_x = 20\,ksi,\ \ \sigma_y = -10\,ksi,\ \ \tau_{xy} = 30\,ksi,\ \ \theta = 20°$

2) $\sigma_x = 20\,ksi,\ \ \sigma_y = -35\,ksi,\ \ \tau_{xy} = -15\,ksi,\ \ \theta = 50°$

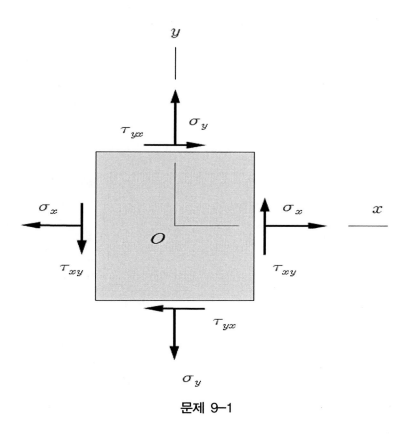

문제 9-1

문9-2 문제 9-1)의 응력상태에 대한 주응력과 최대전단응력을 구하시오.

문9-3 그림과 같이 고정된 보의 주위 온도가 20℃에서 120℃로 증가하였다. 부재의 탄성계수는 210 GPa이고, 열팽창계수는 $\alpha = 12 \times 10^{-6}/℃$ 이다.

1) 보에 발생한 열응력의 크기를 구하시오.

2) 그림과 같이 45° 경사진 방향의 응력의 크기를 구하시오

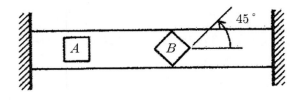

문제 9-3

CHAPTER 10

보의 처짐

10.1 개요

초기에 직선이던 보가 굽힘하중을 받으면 곡선형태로 변형하게 되는데 이 곡선을 처짐곡선 (deflection curve)이라 한다. 구조물을 설계하는데 있어 보에 발생한 응력과 부재의 강도를 비교하여 구조물의 안전성을 판단할 뿐만 아니라 보의 구부러진 정도를 파악하여 변형에 대한 허용치를 초과하는가를 비교해서 설계가 적절한가를 판단해야 한다. 통상 구조물이 축하중이나 전단하중에 의한 변형량은 매우 작은 데 비해 굽힘하중에 의한 변형은 꽤 크게 나타나므로 구조물의 전반적 변형량에 결정적 영향을 미치게 되므로 굽힘에 의한 처짐량을 바로 구하는 것이 중요하다.

10.2 처짐 곡선의 방정식

그림 10-1과 같이 하중을 받아 구부러진 보를 생각하기로 한다. 그림에서와 같이 수평축을 x 축, 수직축을 y 축이라 하고, 초기에 수평이던 부재가 구부러지면 지지점으로부터 x 만큼 떨어진 곳에서의 처짐량을 v 라 하자. 보의 처짐량 v 를 x 의 함수로 표현하면 우리가 구하고자 하는 처짐곡선 방정식이 된다. 수식을 전개하기 위해 아래 방향으로의 처짐량을 (+) 방향으로 취하고 굽힘모멘트와 전단력, 분포하중의 부호를 그림 10-2와 같이 규정하여 사용하기로 한다.

처짐곡선 상의 임의의 점 m_1 에서의 접선과 x 축이 이루는 각을 회전각 θ 라 하고 시계방향으로 회전하는 것을 (+)로 한다.

처짐곡선을 따라 미소길이 ds 만큼 이동된 점을 m_2 라 하고, x 축 상에서의 길이를 dx, m_2 점에서의 처짐량을 $v+dv$, 회전각을 $\theta-d\theta$ 라 하자. m_1 점과 m_2 점에서 접선에 수직한 선을 그어 만나는 점을 O 라 하면 미소길이에 대한 회전각은 $d\theta$ 가 된다. O 에서 곡선까지의 거리를 곡률반경 ρ 라 하면 $\rho d\theta = ds$ 이므로 처짐곡선의 곡률은 다음과 같이 표현된다.

$$\frac{1}{\rho} = \frac{d\theta}{ds}$$

처짐곡선의 기울기는 1차 도함수 dv/dx 이고, dx 가 매우 작은 값이므로 기울기는 다음과 같이 표현할 수 있다.

$$\tan\theta = \frac{dv}{dx}$$

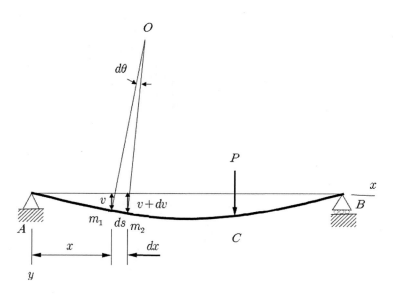

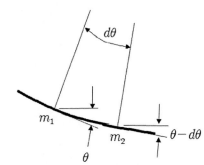

그림 10-1 보의 처짐

탄성거동을 하는 보의 경우 회전각 θ는 매우 작은 크기여서 다음과 같이 표현할 수 있다.

$$\cos \theta = \frac{dx}{ds} \approx 1 \qquad ds \approx dx$$

$$\theta \approx \tan \theta = \frac{dv}{dx}$$

따라서 곡률은 다음과 같이 표현할 수 있다.

$$\frac{1}{\rho} = \frac{d\theta}{ds} = \frac{d\theta}{dx} = \frac{d^2v}{dx^2} \qquad\qquad (10\text{-}1)$$

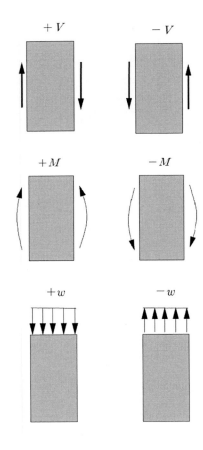

그림 10-2 부호 규약

굽힘에 의한 곡률과 굽힘모멘트의 관계식 (8-4)에서 (+) 굽힘모멘트의 경우 (-) 곡률 형태(보가 아래로 볼록한 상태 즉, +y축 방향으로 볼록한 상태로 구부러지는 형태)로 구부러지므로 이를 고려하면 다음과 같이 된다.

$$\frac{1}{\rho} = -\frac{M}{EI} \tag{10-2}$$

결국 처짐량과 굽힘모멘트 관계는 다음과 같이 된다.

$$\frac{d\theta}{dx} = \frac{d^2v}{dx^2} = -\frac{M}{EI}$$

이 식이 보의 처짐곡선을 구하는 미분방정식이다.

7.3절에 소개한 보에 작용하는 분포하중과 보에 발생한 전단력과 굽힘모멘트의 관계식

$\dfrac{dV}{dx}=-w,\quad \dfrac{dM}{dx}=V$ 를 적용하면 다음과 같은 식을 얻는다.

$$\frac{d^2v}{dx^2}=-\frac{M}{EI} \qquad\qquad EIv''=-M \qquad\qquad (10\text{-}3)$$

$$\frac{d^3v}{dx^3}=-\frac{V}{EI} \qquad\qquad EIv'''=-V \qquad\qquad (10\text{-}4)$$

$$\frac{d^4v}{dx^4}=\frac{w}{EI} \qquad\qquad EIv''''=w \qquad\qquad (10\text{-}5)$$

이 관계식을 적용하여 보의 처짐곡선을 구할 수 있다. 이 식은 부재가 선형탄성거동으로 Hooke의 법칙을 따르고 보의 처짐량이 매우 작다는 가정 아래 구한 것이므로 이 조건을 만족하는 상태에서 적용할 수 있다. 또한 보는 전단력에 의한 전단변형도 발생하지만 보의 단면의 크기에 비해 보의 길이가 보통 매우 크므로 전단변형량은 굽힘에 의한 처짐량에 비해 매우 작게 나타나 설계 시 무시하는 경우가 많다.

10.3 직접 적분에 의한 처짐곡선

앞 절에서 구한 처짐곡선에 대한 미분방정식에서 부재에 발생한 굽힘모멘트를 알고 있으면 직접적분을 수행함으로써 처짐곡선을 구할 수 있는데 예제를 통해 살펴보기로 한다.

예제 10-1 그림과 같이 균일분포하중을 받는 단순지지보의 처짐곡선을 구하시오.

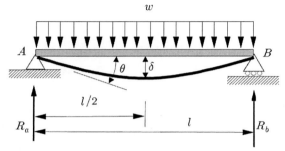

그림 10-3 분포하중을 받는 단순지지보의 처짐(예제)

풀이)

예제 7-6)에서 균일분포하중을 받는 단순지지보의 굽힘모멘트는 다음과 같다.

$$M = \frac{wlx}{2} - \frac{wx^2}{2}$$

처짐곡선에 대한 미분방정식은 다음과 같다.

$$EIv'' = -\frac{wlx}{2} + \frac{wx^2}{2}$$

이 식을 적분하면

$$EIv' = -\frac{wlx^2}{4} + \frac{wx^3}{6} + C_1$$

C_1은 적분상수로 보의 경계조건을 적용하여 구할 수 있다. 본 예제의 경우 보의 좌우 대칭 변형을 고려하면 중앙$(x = l/2)$에서 처짐곡선의 기울기 $v' = 0$ 이므로 이를 적용하면 다음과 같은 결과를 얻는다.

$$v'\left(x = \frac{l}{2}\right) = 0$$

$$C_1 = \frac{wl^3}{24}$$

따라서 처짐곡선은 다음의 식이 된다.

$$EIv' = -\frac{wlx^2}{4} + \frac{wx^3}{6} + \frac{wl^3}{24}$$

이 식을 적분하면 다음과 같다.

$$EIv = -\frac{wlx^3}{12} + \frac{wx^4}{24} + \frac{wl^3x}{24} + C_2$$

적분상수 C_2를 구하기 위해서 $x = 0$일 때, $v = 0$인 조건을 적용하면 $C_2 = 0$이 되므로 처짐 곡선방정식은 다음과 같이 표현된다.

$$v = \frac{wx}{24EI}(l^3 - 2lx^2 + x^3) \tag{10-6}$$

보의 최대 처짐은 보의 중앙에서 발생하며 그 크기는 다음과 같다.

$$\delta = v_{\max}\left(x = \frac{l}{2}\right) = \frac{5wl^4}{384EI} \tag{10-7}$$

최대회전각은 보의 양 끝에서 발생하며 그 크기는 다음과 같다.

$$\theta_{\max} = v'(x = 0) = v'(x = l) = \frac{wl^3}{24EI} \tag{10-8}$$

■

10.4 모멘트-면적법

모멘트 면적법(moment-area method)이란 굽힘모멘트선도의 면적을 이용하여 보의 처짐량을 구하는 방법으로 보의 임의의 한 점에서의 처짐이나 회전각을 구할 때 매우 편리한 방법이다.

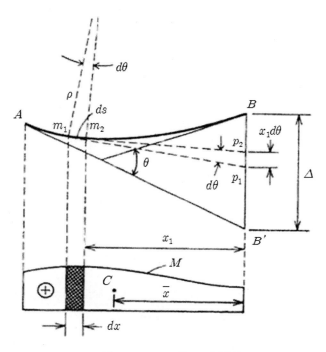

그림 10-4 모멘트-면적법

그림 10-4와 같은 보의 처짐곡선에서 AB 구간을 생각하기로 한다. A, B 두 점에서 접선을 그어 B'를 구한다. 두 접선 사이의 각 θ는 A점에서의 접선에 대한 B점의 상대적인 회전각을 의미한다.

보의 축상에서 거리 ds 만큼 떨어진 두 점, m_1, m_2에서 그림과 같이 접선 $m_1 p_1$, $m_2 p_2$와 법선을 그리면 법선은 곡률중심에서 만나고 그 사이 각을 $d\theta$라 하면 두 접선이 이루는 각도 $d\theta$가 된다. 곡률반경을 ρ라 하면, $d\theta = ds/\rho$이고 이것은 앞장에서 나타낸 것과 같이 다음 식으로 표시할 수 있다.

$$d\theta = \frac{Mdx}{EI}$$

$\dfrac{Mdx}{EI}$ 값은 그림과 같이 굽힘모멘트 선도에서 dx 부분의 면적을 굽힘강성 EI로 나눈 값에 해당한다. 위 식을 적분하면 다음과 같다.

$$\int_A^B d\theta = \int_A^B \frac{Mdx}{EI} \tag{10-9}$$

위 식에서 좌변은 $\theta = \theta_b - \theta_a$이므로

$$\theta = \theta_b - \theta_a = \int_A^B \frac{Mdx}{EI} = [A\,점과\ B점\,사이의\,굽힘모멘트\,선도면적을\ EI로\,나눈\,값]$$

$$\tag{10-10}$$

θ는 B 점에서 그은 접선이 A 점에서 그은 접선을 기준으로 반시계방향으로 회전한 각도를 의미한다. 이 식은 다음과 같이 모멘트 면적법에 대한 제1정리로 표현할 수 있다.

모멘트면적법 제1정리

처짐곡선 상의 임의의 두 점에서 그은 두 접선이 이루는 상대각은 굽힘모멘트 선도에서의 두 점 사이의 면적을 굽힘강성 EI로 나눈 값과 같다.

이어서 그림 10-4의 A 점에서 그은 접선 위의 점 B'로부터 처짐곡선 B점 사이의 수직거리 Δ를 구해보기로 한다. 먼저 그림에서 $p_1 p_2$ 사이의 거리 $d\Delta$는 다음과 같이 표현할 수 있다.

$$d\Delta = x_1 \, d\theta = x_1 \frac{Mdx}{EI}$$

식에서 x_1은 $m_1 m_2$ 요소에서 B 점까지의 수평거리이다. 따라서 $x_1 \dfrac{Mdx}{EI}$은 굽힘모멘트 선도 중 까맣게 표시한 면적요소의 B 점에 대한 1차모멘트를 굽힘강성 EI로 나눈 값을 의미한다.

위 식을 적분하면

$$\int_A^B d\Delta = \int_A^B x_1 \frac{Mdx}{EI} \tag{10-11}$$

위 식에서 좌변은 Δ이며, 우변은 굽힘모멘트 선도 면적의 B점에 대한 1차모멘트를 EI로

나눈 값이므로 다음과 같이 나타낼 수 있다.

$$\Delta = \int_A^B x_1 \frac{Mdx}{EI} = \begin{bmatrix} 굽힘모멘트 \ 선도에서 \ A, \ B \ 사이 \ 면적의 \\ B \ 점에 \ 대한 1차모멘트를 \ EI 로 \ 나눈 \ 값 \end{bmatrix} \quad (10\text{-}12)$$

위 식에서 Δ는 B점이 처짐곡선 A점에서 그은 접선의 상부에 위치하는 경우에 대한 것이다. 7.2절에서 규약한 것처럼 (+) 굽힘모멘트가 발생할 때 보의 하단부가 볼록한 형태로 처짐곡선이 나타난다. 그림 10-4와 같이 굽힘모멘트선도가 (+)값일 때 나타나는 처짐 곡선의 형태와 같다. 이때 처짐곡선의 좌측 지점에서 그은 접선을 기준으로 우측 지점은 접선의 상부에 위치하고, 우측 지점에서 그은 접선을 기준으로 좌측 지점 역시 접선의 상부에 위치한다. 만약, (-) 굽힘모멘트의 경우 처짐곡선은 반대로 보의 상단부가 볼록하게 솟아 오르는 형태가 되므로 (+) 굽힘모멘트 경우와 반대로 각 지점은 접선의 하부에 위치하게 되므로 식 (10-12)에서 구한 결과가 (-) 값을 가진다. 위 식은 다음과 같이 모멘트 면적법에 대한 제2정리로 표현할 수 있다.

모멘트면적법 제2정리

B점으로부터 A점에서 그은 접선까지의 연직거리 Δ는 굽힘모멘트 선도에서 두 점 사이의 면적의 B점에 대한 1차모멘트를 굽힘강성 EI로 나눈 값과 같다.

예제를 통해서 모멘트면적법의 적용방법을 살펴보기로 한다.

예제 10-2 그림과 같은 보의 자유단에서 집중하중을 받을 때 자유단에서의 처짐과 회전각을 구하시오.

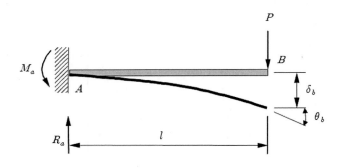

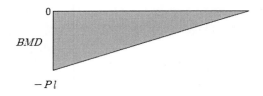

그림 10-5 집중하중을 받는 외팔보의 처짐(예제)

풀이)

예제에 대한 굽힘모멘트 선도를 그리면 그림과 같다.

모멘트면적법 제1정리를 적용하여 A점과 B점에서 그린 접선의 상대각은 자유단에서의 회전각과 같게 되며 그 크기는 M/EI 선도의 면적 A_1과 같으므로 다음과 같이 구해진다.

$$\theta_{ba} = \theta_b - \theta_a = \theta_b = A_1 = \frac{1}{2} l (-Pl)(\frac{1}{EI}) = -\frac{Pl^2}{2EI}$$

결과에서 (-)의 의미는 B 점에서의 접선이 A 점에서 그은 접선을 기준으로 시계방향('-' 방향)으로 회전한 것임을 의미한다.

자유단에서의 처짐량은 모멘트면적법 제2정리를 적용하여 다음과 같이 구할 수 있다. 먼저 M/EI 선도 면적에 대한 1차모멘트 Δ를 구하면 다음과 같다.

$$\Delta = A_1 \left(\frac{2l}{3} \right) = -\frac{Pl^2}{2EI} \left(\frac{2l}{3} \right) = -\frac{Pl^3}{3EI}$$

처짐량 δ_b 는

$$\delta_b = -\Delta = \frac{Pl^3}{3EI}$$

(-) 부호는 B지점이 처짐곡선의 A지점에서 그은 접선의 아래에 위치하기 때문에 적용된 것이다. ■

예제 10-3 그림과 같은 외팔보가 분포하중을 받을 때 자유단에서의 처짐과 회전각을 구하시오.

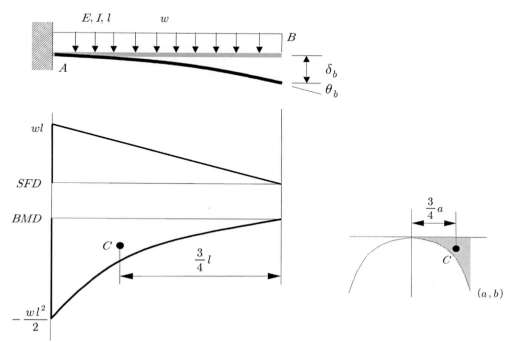

그림 10-6 분포하중을 받는 외팔보의 처짐(예제)

풀이)

예제에 대한 전단력 선도와 굽힘모멘트 선도를 그리면 그림과 같다.

모멘트면적법 제1정리를 적용하여 A 점과 B 점에서 그린 접선의 상대각은 자유단에서의 회전각과 같게 되며 그 크기는 M/EI 선도의 면적 A_1 과 같으므로 다음과 같이 구해진다.

정점 $(0, 0)$ 에서 포물선 상의 점(a, b) 구간의 2차 포물선 상단부 면적은 $A = \dfrac{1}{3} ab$ 이고, 중심은 $\dfrac{3}{4} a$ 인 곳에 위치하므로

$$\theta_{ba} = \theta_b - \theta_a = \theta_b = A_1 = \frac{1}{3} l \left(- \frac{w l^2}{2} \right) \left(\frac{1}{EI} \right) = - \frac{w l^3}{6EI}$$

결과에서 (-) 부호의 의미는 처짐곡선에서 고정단에서의 접선과 비교할 때 자유단의 접선이 시계방향으로 회전한 것임을 의미한다.

자유단에서의 처짐량은 모멘트면적법 제2정리를 적용하여 다음과 같이 구할 수 있다. 먼저

M/EI 선도 면적에 대한 1차모멘트 Δ를 구하면 다음과 같다. 포물선 상단부 면적의 중심은 $\frac{3}{4}l$에 위치하므로

$$\Delta = A_1\left(\frac{3l}{4}\right) = -\frac{wl^3}{6EI}\left(\frac{3l}{4}\right) = -\frac{wl^4}{8EI}$$

처짐량 δ_b는

$$\delta_b = -\Delta = \frac{wl^4}{8EI}$$

(-) 부호는 B 지점이 처짐곡선의 A 지점에서 그은 접선의 아래에 위치하기 때문에 적용된 것이다. ■

10.5 중첩법

선형 탄성거동을 하는 구조물의 경우 하중과 변형량은 서로 비례관계에 있으므로 여러 하중에 대한 처짐량은 개개 하중에 의한 처짐량을 모두 합한 것과 같게 된다. 이러한 특성을 이용하여 여러 개의 하중에 대한 보의 처짐을 구할 때, 개별 하중에 대한 처짐을 중첩하여 모두 더해줌으로써 보의 처짐을 구할 수 있다.

기본적인 형태의 보의 처짐곡선에 대한 것을 표 10-1에 보였는데 참고하기 바란다.

이어서 다음과 같은 예제를 통해 살펴보기로 한다.

예제 10-4 그림 10-7과 같이 단순지지보가 균일분포하중과 보의 중앙부에 집중하중을 받을 때 보의 최대처짐량과 지지점에서의 회전각을 구하시오.

풀이)
먼저 단순지지보의 중앙에 집중하중을 받는 경우 최대처짐은 중앙에서 발생하고 그 크기는 다음과 같다. (표 10-1 참조)

$$\delta_P = \frac{Pl^3}{48EI}$$

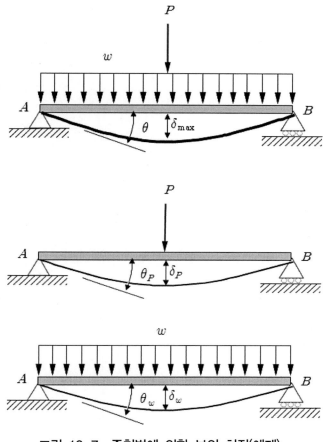

그림 10-7 중첩법에 의한 보의 처짐(예제)

지지점에서의 회전각은 다음과 같다.

$$\theta_P = \frac{Pl^2}{16EI}$$

단순지지보에 균일분포하중이 작용하는 경우에도 최대처짐은 보의 중앙에서 발생하고 그 크기는 다음과 같다.

$$\delta_w = \frac{5wl^4}{384EI}$$

균일분포하중에 대한 회전각은 다음과 같다.

표 10-1 보의 처짐

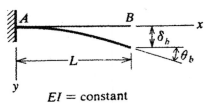

$EI = $ constant

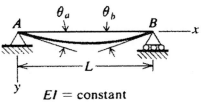

$EI = $ constant

P 작용 (외팔보, 끝단)	$\delta_b = \dfrac{Pl^3}{3EI}$ $\theta_b = \dfrac{Pl^2}{2EI}$
w 등분포하중 (외팔보)	$\delta_b = \dfrac{wl^4}{8EI}$ $\theta_b = \dfrac{wl^3}{6EI}$
M_0 모멘트 (외팔보, 끝단)	$\delta_b = \dfrac{M_0 l^2}{2EI}$ $\theta_b = \dfrac{M_0 l}{EI}$
P 집중하중 (단순보, 중앙) $L/2$, $L/2$	$\delta_{\max} = \dfrac{Pl^3}{48EI}$ $\theta_b = \dfrac{Pl^2}{16EI}$
w 등분포하중 (단순보)	$\delta_{\max} = \dfrac{5wl^4}{384EI}$ $\theta_b = \dfrac{wl^3}{24EI}$
M_0 모멘트 (단순보, 끝단)	$\theta_a = \dfrac{M_0 l}{3EI}$ $\theta_b = \dfrac{M_0 l}{6EI}$

$$\theta_w = \frac{wl^3}{24EI}$$

분포하중과 집중하중에 의한 최대처짐과 회전각은 다음과 같이 중첩하여 구할 수 있다.

$$\delta_{\max} = \delta_P + \delta_w = \frac{Pl^3}{48EI} + \frac{5wl^4}{384EI}$$

$$\theta = \theta_P + \theta_w = \frac{Pl^2}{16EI} + \frac{wl^3}{24EI} \qquad\qquad\blacksquare$$

10.6 충격하중

봉재가 축방향 충격하중을 받을 때의 거동을 5.8절에서 살펴보았다. 여기서는 그림 10-8과 같이 질량이 m, 무게가 W인 물체가 높이 h인 곳에서 자유 낙하하여 단순지지보의 중앙부에 충돌할 때 발생하는 보의 처짐 δ에 대해 생각해 보기로 한다.

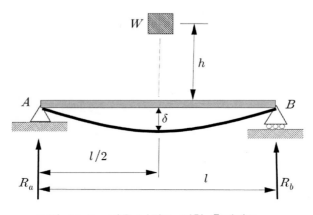

그림 10-8 자유 낙하로 인한 충격하중

중력가속도를 g라 할 때 높이 h인 곳에서 물체의 위치에너지는 Wh이고, 이것이 자유롭게 떨어지는 동안 운동에너지로 변화되었다가 충돌 후 봉재 내부에 변형에너지의 형태로 전환된다. 충돌하는 동안 보는 충격에 의해 그림과 같이 최대 δ만큼 처짐이 발생하게 된다. 이와 같은 과정에 에너지 보존 법칙을 적용하면 처음 위치에너지의 크기와 충돌 후 보의 변형에너지가 동일한 값을 가진다. 단순지지보에 발생하는 처짐량 $\delta\left(=\dfrac{Pl^3}{48EI}\right)$를 발생시키는 집중하중의

크기는 $P=\dfrac{48EI\delta}{l^3}$ 이다.

봉재에 발생한 변형에너지는 $U=\dfrac{P\delta}{2}=\dfrac{24EI\delta^2}{l^3}$ 이므로

$$W(h+\delta)=\frac{24EI\delta^2}{l^3}$$

$$\delta^2-\frac{Wl^3}{24EI}\delta-\frac{Wl^3h}{24EI}=0$$

위 식은 δ에 대한 2차 방정식이고 $\delta>0$이므로 그 해를 구하면 다음과 같다.

$$\delta=\frac{Wl^3}{48EI}+\sqrt{\left(\frac{Wl^3}{48EI}\right)^2+2h\left(\frac{Wl^3}{48EI}\right)}$$

이 결과에서 물체 무게만큼의 하중이 부재에 정하중으로 작용한 경우 처짐량이 $\delta_{st}=\dfrac{Wl^3}{48EI}$ 이

므로 위 결과는 다음의 형태로 쓸 수 있다.

$$\delta=\delta_{st}+\sqrt{{\delta_{st}}^2+2h\delta_{st}} \tag{10-13}$$

보통의 경우 $h\gg\delta_{st}$ 이므로 $\delta\approx\sqrt{2h\delta_{st}}$ 의 형태로 간단히 표시할 수 있다.

특별히 $h=0$인 경우 즉, 물체를 보 위에 갑자기 올려놓는 경우가 이에 해당할 것이다. 이 경우 $\delta=2\delta_{st}$ 라는 결과를 얻게 된다. 이러한 결과로부터 갑작스럽게 부가되는 하중으로 인한 변형의 크기는 동일한 크기의 정하중에 의한 변형의 2배가 된다는 것을 알 수 있다. 순간적으로 부가되는 동하중에 대한 변형이 두 배가 되므로 부재 내부에 발생한 최대 응력도 2배가 됨을 의미한다. 이러한 결과는 5.8절의 결과와 동일한 형태임을 알 수 있다.

연습문제

문10-1 그림과 같은 보의 집중하중이 작용하는 곳에서의 처짐량을 구하시오. 단, 보의 굽힘 강성은 EI, 길이는 l 이다.

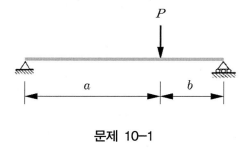

문제 10-1

문10-2 그림과 같이 보가 하중을 받을 때 보에 발생한 최대 처짐량은 얼마인가? 단, 보의 굽힘강성은 EI, 길이는 l 이다.

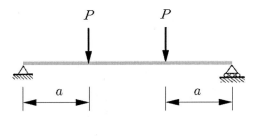

문제 10-2

문10-3 그림과 같이 보가 굽힘모멘트를 받을 때 지지점에서의 처짐각은 얼마인가? 단,
보의 굽힘강성은 EI, 길이는 l이다.

문제 10-3

문10-4 그림과 같이 보가 균일분포하중을 받을 때 자유단에서의 처짐량은 얼마인가? 단,
보의 굽힘강성은 EI, 길이는 l이다.

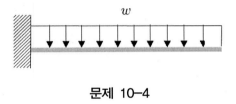

문제 10-4

문10-5 문제 10-3의 결과를 활용하여 그림과 같은 보의 지지점에서의 처짐각을 구하시오.

문제 10-5

문10-6 그림과 같이 외팔보의 자유단에 굽힘모멘트가 작용할 때 보에 저장되는 변형 에너지
는 얼마인가? 단, 보의 굽힘강성은 EI, 길이는 l이다.

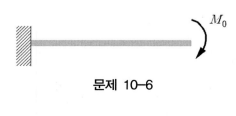

문제 10-6

CHAPTER 11

부정정보

11.1 개요

　정역학적 평형방정식의 수보다 더 많은 수의 미지 반력이 존재하는 보를 부정정보라 한다. 따라서 부정정보는 힘의 평형조건만으로는 반력을 구할 수 없어 보 안에 발생한 내력을 알 수가 없다. 이러한 보의 경우 보의 하중과 그에 따른 보의 변형을 함께 고려하는 방정식을 추가로 얻어서 해결할 수가 있다.

　그림 11-1에 여러 형태의 부정정보를 나타냈는데 (a)의 경우 A점에 미지반력 3개(수평 방향 미지반력은 '0'이라는 것을 바로 알 수 있어 표시하지 않음), B점에 1개로 총 4개의 반력이 존재하고 힘의 평형조건으로부터 얻어지는 방정식은 2차원 문제의 경우 3개이므로 1개의 잉여 반력이 존재하는 부정정보이다. (b)의 경우도 (a)와 마찬가지로 잉여반력이 1개이다. (c)의 경우는 양쪽 지지점에 각각 3개의 미지력이 존재하므로 3개의 잉여반력이 존재하고, (d)의 경우 A에 2개(수평 반력 생략), B와 C에 각 1개로 총 4개의 반력이 존재해 1개의 잉여반력을 가진 연속보이다. 잉여반력의 수를 부정정차수(degree of statical indeterminacy)라 부른다. 그림에서 (a)와 (b), (d)의 경우 1차 부정정보, (c)의 경우 3차 부정정보가 된다.

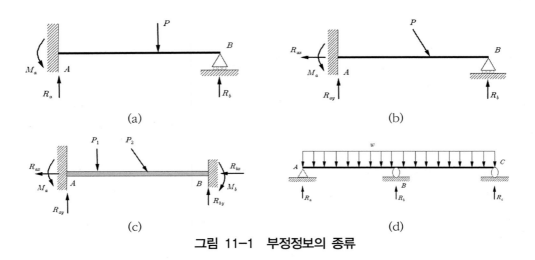

(a)　　　　　　　　　　　　　　　(b)

(c)　　　　　　　　　　　　　　　(d)

그림 11-1 부정정보의 종류

11.2 처짐곡선에 대한 미분방정식의 풀이

정정구조에서와 동일하게 미분방정식을 적분하는 형태로 문제를 해결하는 것이다. 잉여반력은 경계조건을 적용하여 구하게 되는데 예제를 통해 살펴보기로 한다.

예제 11-1 그림과 같이 균일분포하중을 받는 보의 반력을 구하시오

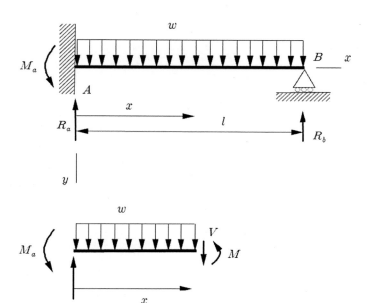

그림 11-2 미분방정식 풀이에 의한 부정정보의 해석(예제)

풀이)
힘의 평형조건을 적용하기로 한다.

$$R_a + R_b - wl = 0$$

$$M_a + R_b l - \frac{wl^2}{2} = 0$$

이들로부터 A점의 반력은 다음과 같이 나타낼 수 있다.

$$R_a = wl - R_b$$

$$M_a = \frac{wl^2}{2} - R_b l$$

이들을 사용하여 x위치에서의 굽힘모멘트를 좌측 구조부재에 대한 자유물체도로부터 구하면 다음과 같다.

$$M = R_a x - M_a - \frac{wx^2}{2} = wlx - R_b x - \frac{wl^2}{2} + R_b l - \frac{wx^2}{2}$$

따라서 처짐방정식은 다음과 같고, 이 식을 두 번 적분하여 해를 구할 수 있다.

$$EIv'' = -M = -wlx + R_b x + \frac{wl^2}{2} - R_b l + \frac{wx^2}{2}$$

$$EIv' = -\frac{wlx^2}{2} + \frac{R_b x^2}{2} + \frac{wl^2 x}{2} - R_b l x + \frac{wx^3}{6} + C_1$$

$$EIv = -\frac{wlx^3}{6} + \frac{R_b x^3}{6} + \frac{wl^2 x^2}{4} - \frac{R_b l x^2}{2} + \frac{wx^4}{24} + C_1 x + C_2$$

미지반력 R_b와 적분상수 C_1, C_2는 다음과 같은 3개의 경계조건을 적용하여 구할 수 있다.

$$v(0) = 0, \qquad v'(0) = 0, \qquad v(l) = 0$$

이 조건을 적용하면

$$C_1 = 0, \qquad C_2 = 0, \qquad R_b = \frac{3wl}{8}$$

따라서 A점의 반력은

$$R_a = \frac{5wl}{8}, \qquad M_a = \frac{wl^2}{8} \tag{11-1}$$

11.3 모멘트-면적법

모멘트면적법을 사용하여 부정정보를 해석하는 경우는 앞 절에서 설명한 바와 같이 잉여반력을 선정하여 굽힘모멘트선도를 작도한 뒤 모멘트면적에 대한 정리를 적용하고 경계조건을 적용하여 잉여반력의 크기를 구한다. 예제를 통해서 살펴보기로 한다.

예제 11-2 그림과 같은 보에 집중하중이 작용할 때 보의 반력을 구하시오.

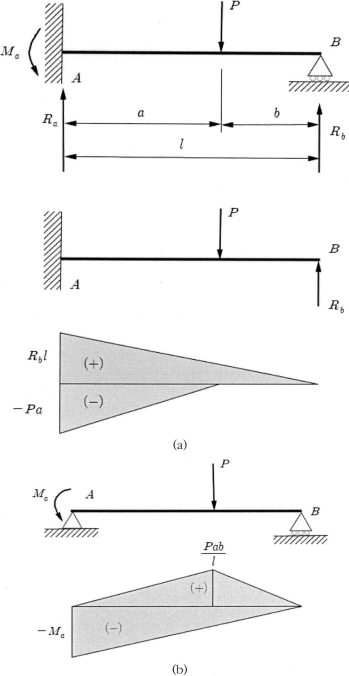

(a)

(b)

그림 11-3 모멘트-면적법에 의한 부정정보의 해석(예제)

풀이)

A 지점에는 굽힘모멘트와 수직반력이 발생하고, B 지점에는 수직반력이 발생한다. 문제에서 수평방향의 힘은 존재하지 않으므로 평형방정식의 수는 2개, 반력은 3개이므로 잉여반력은 1개이다. 문제풀이를 위해 반력 중 하나를 선택하는데 본 풀이에서는 R_b를 사용하여 그림 (a)와 같은 외팔보를 해석하는 과정을 따른다. 외팔보의 굽힘모멘트선도는 그림과 같다. 모멘트면적법을 적용하기 위해 A 지점에서 처짐곡선에 대한 접선을 그리면 수평선이 되어 B점을 지나게 된다. 처짐곡선의 B 지점에서의 처짐은 모멘트면적법을 적용하면 M/EI 선도 면적의 B점에 대한 1차모멘트와 같으며 B점에서의 실제 처짐은 없기 때문에 다음 식이 성립한다.

$$\Delta = \frac{1}{2}(\frac{R_b l}{EI}) l (\frac{2l}{3}) - \frac{1}{2}(\frac{Pa}{EI}) a (l - \frac{a}{3}) = 0$$

식을 정리하면

$$R_b = \frac{Pa^2}{2l^3}(3l - a) \tag{11-2}$$

힘의 평형조건을 적용하면

$$R_a = P - R_b = \frac{Pb}{2l^3}(3l^2 - b^2) \tag{11-3}$$

모멘트에 대한 평형조건 $M_a - Pa + R_b l = 0$ 으로부터 이를 정리하면

$$M_a = \frac{Pab}{2l^2}(l + b) \tag{11-4}$$

■

본 문제의 경우 M_a를 잉여반력으로 취하면 그림 (b)와 같이 단순지지보에 집중하중 P와 굽힘모멘트 M_a가 부가되는 보의 문제로 바꾸어 풀어갈 수도 있다. 독자들이 직접 확인해 보기 바란다.

11.4 중첩법

부정정보의 과잉반력을 정정보에 부가하는 하중으로 취급하여 선형탄성거동을 하는 보의 처짐과 회전각에 대한 중첩원리를 적용하여 문제를 해결하는 방법으로 예제를 통해서 살펴보기로 한다.

예제 11-3 그림과 같이 균일분포하중을 받는 연속보의 반력을 구하시오.

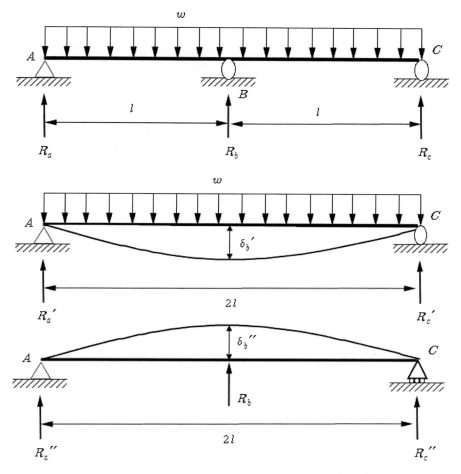

그림 11-4 중첩법에 의한 부정정보의 해석(예제)

풀이)

보의 세 지점에서 수직반력이 하나씩 발생하고 2개의 평형방정식이 존재하므로 1개의 잉여반력이 존재한다. 본 풀이에서는 중앙지지점에서의 반력을 잉여반력으로 취하여 그림과 같은 정정보로 취급하기로 한다. 보는 균일분포하중으로 인한 변형 $\delta_b{'}$ 와 집중하중으로 인한 변형 $\delta_b{''}$ 가 중첩되어 나타나며, 중앙지점에서의 처짐은 '0'이므로 다음 관계식으로부터 반력을 구할 수 있다. 보의 중앙에서의 처짐은

$$\delta_b{'} = \frac{5w(2l)^4}{384EI} = \frac{5wl^4}{24EI}$$

$$\delta_b{}'' = \frac{R_b(2l)^3}{48EI} = \frac{R_b l^3}{6EI}$$

$$\delta_b = \delta_b{}' - \delta_b{}'' = \frac{5wl^4}{24EI} - \frac{R_b l^3}{6EI} = 0$$

이 식과 힘의 평형조건으로부터 반력을 구하면 다음과 같다.

$$R_b = \frac{5wl}{4} \qquad\qquad R_a = R_c = \frac{3wl}{8} \qquad\qquad \blacksquare$$

연습문제

문11-1 그림과 같이 한 쪽 끝이 케이블로 천정에 연결된 보에서 케이블의 장력을 구하시오. 보의 굽힘 강성은 EI이고 케이블의 축강성은 EA, 길이는 h이다.

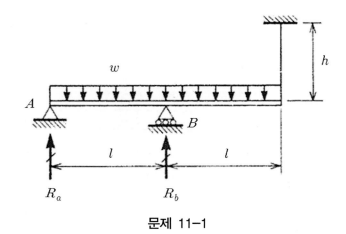

문제 11-1

문11-2 그림과 같은 보의 반력을 구하시오. 보의 굽힘 강성은 EI이다.

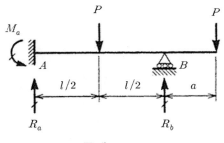

문제 11-2

문11-3 굽힘강성이 EI이고 길이가 l인 양단 고정보가 중앙에 집중하중을 받을 때 반력과 보 내부에 발생하는 최대 굽힘모멘트를 구하시오.

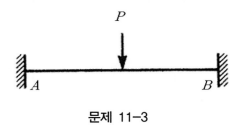

문제 11-3

문11-4 굽힘강성이 EI이고 길이가 l인 양단 고정보가 균일분포하중을 받을 때 반력과 보 내부에 발생하는 최대 굽힘모멘트를 구하시오.

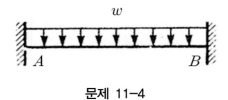

문제 11-4

문11-5 굽힘강성이 EI이고 길이가 l인 양단 고정보가 그림과 같은 굽힘모멘트를 받을 때 반력을 구하시오.

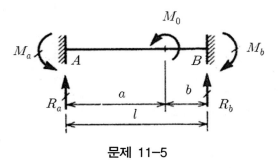

문제 11-5

CHAPTER 12

기둥

12.1 기둥의 좌굴

축방향 압축하중을 주로 받는 부재를 기둥(column)이라 하며 축방향으로 압축하중을 받는 가늘고 긴 부재의 경우 좌굴(buckling)이라는 거동이 발생한다.

그림 12-1과 같이 압축하중을 받을 때 처음에는 길이방향의 수축 변형만 나타나다 하중의 크기가 임계값(critical load)에 이르게 되면 갑작스런 굽힘변형이 발생하면서 파괴에 이르게 되는데 이러한 거동을 좌굴이라 한다. 순수 압축 하중만을 받던 기둥에 굽힘변형이 발생하기 시작하면 그림처럼 처짐에 의한 굽힘모멘트가 추가로 발생하게 되어 더 큰 굽힘변형을 일으키면서 순식간에 파괴에 이르게 된다.

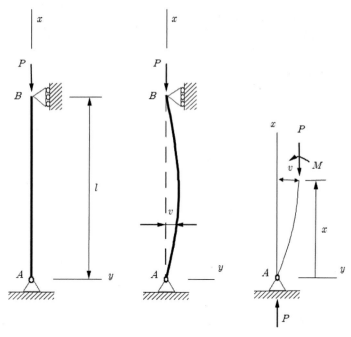

그림 12-1 단순지지 기둥의 좌굴

좌굴이 발생한 단순지지보의 자유물체도로부터 보의 임의 단면에 발생한 모멘트의 크기는 $M = Pv$ 이므로 보의 처짐에 대한 미분방정식은 다음과 같이 된다.

$$EIv'' = -M = -Pv$$

식을 정리하면

$$EIv'' + Pv = 0 \qquad\qquad (12\text{-}1)$$

본 미분방정식의 해에 경계조건 $v(0) = v(l) = 0$ 을 적용하여 좌굴이 발생하는 임계하중 P_{cr} 의 크기를 구하면 다음과 같다.

$$P_{cr} = \frac{\pi^2 EI}{l^2} \qquad\qquad (12\text{-}2)$$

이상적인 탄성거동을 하는 기둥의 임계하중을 Euler 하중이라 하는데. 그림 12-2, 12-3, 12-4에 보인 기둥의 지지조건에 따라 다음과 같은 크기를 가진다.

단순지지된 경우

$$P_{cr} = \frac{\pi^2 EI}{l^2}$$

1단 고정–1단 자유단의 경우

$$P_{cr} = \frac{\pi^2 EI}{4l^2} \qquad\qquad (12\text{-}3)$$

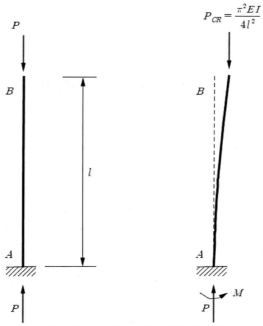

그림 12–2 1단 고정 기둥의 좌굴

2단 고정된 경우

$$P_{cr} = \frac{4\pi^2 EI}{l^2} \tag{12-4}$$

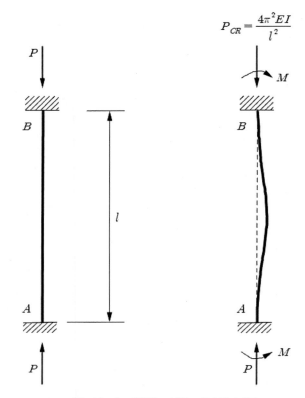

그림 12-3 양단 고정 기둥의 좌굴

1단 고정-1단 단순지지의 경우

$$P_{cr} = \frac{20.19 EI}{l^2} \tag{12-5}$$

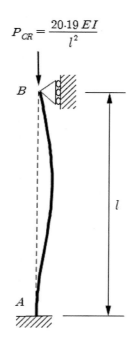

$$P_{CR} = \frac{20.19\,EI}{l^2}$$

그림 12-4 1단 고정 - 1단 단순지지 기둥의 좌굴

양단이 단순지지된 기둥에 발생한 임계응력의 크기는 다음과 같이 구할 수 있다.

$$\sigma_{cr} = \frac{P_{cr}}{A} = \frac{\pi^2 EI}{l^2 A} = \frac{\pi^2 k^2 E}{l^2} = \frac{\pi^2 E}{(l/k)^2} \tag{12-6}$$

식에서 $k = \sqrt{I/A}$ 는 단면에 대한 회전반경(radius of gyration)이며, 기둥의 가늘고 긴 정도를 나타내는 물리량으로 세장비(slenderness ratio)를 사용하는데 그 크기는 다음과 같다.

$$세장비 = \frac{l}{k} \tag{12-7}$$

세장비가 클수록 임계응력의 크기는 감소하고 세장비가 적은 경우 기둥의 임계응력이 증가하나, 임계응력이 크더라도 부재의 항복강도보다 임계응력이 크게 되면 부재는 압축항복에 의한 파손이 발생하므로 기둥 설계 시 이를 고려해야 한다.

항복강도가 36ksi인 연강의 경우, $E = 30 \times 10^6\,psi$ 이므로, 세장비가 $l/k = 90.7$ 일 때 임계하중이 항복강도에 이르게 된다. 따라서 세장비가 90보다 작은 경우에는 부재의 항복에 의한 파손이 발생하지 않도록 하고, 세장비가 이보다 큰 경우에는 좌굴에 의한 파괴가 발생하지 않도록 설계해야 할 것이다.

세장비에 따른 기둥의 설계강도를 결정하는 하나의 사례를 그림 12-5에 나타냈다.

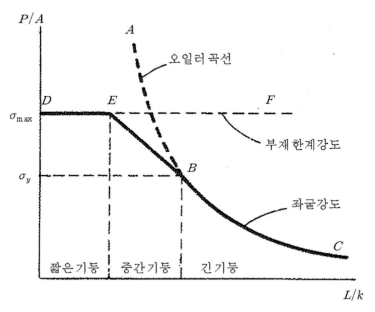

그림 12-5 세장비에 따른 기둥의 강도

그림에서 곡선 ABC는 오일러의 임계하중에 대한 좌굴강도(임계응력)에 따른 곡선으로 길이가 충분히 긴 기둥의 경우 임계응력에 해당하는 값을 부재의 강도로 취하게 된다. 그러나 길이가 짧은 경우 기둥이 좌굴에 이르기 전에 항복에 의한 파손(그림의 EB 구간에 해당)이나 부재의 단순압축강도에 의한 파괴(그림의 DE 구간)가 발생하게 되므로 그림에 나타낸 것처럼 설계강도를 부재의 거동에 맞는 구간별 강도를 적절하게 취하여 적용해야 한다.

12.2 안정성

그림 12-6과 같이 한 끝이 단순지지된 부재가 탄성스프링으로 결합된 구조물에 집중하중 P 가 작용하는 경우를 생각해 보자.

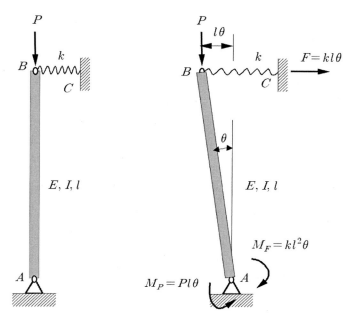

그림 12-6 구조물의 안정성

부재의 굽힘강성은 EI, 길이가 l 이고, 스프링의 강성을 k 라 한다. 부재에 하중이 부가되었을 때 이상적인 거동을 살펴보면 부재는 압축을 받아 수축을 하게 되고 스프링에는 힘이 작용하지 않는다. 그러나 자그마한 교란이라도 발생하면 부재는 그림과 같이 회전하는 형태로 변형이 발생할 수 있다. 만일 각도 θ 만큼 회전변형이 발생하면 하중 작용점이 $l\theta$ 만큼 변위되어 하중 P 로 인한 부재의 회전변형을 더욱 증가시키려는 모멘트 $Pl\theta$ 가 추가로 부가되어 회전각을 더욱 증가시키게 되어 구조물을 붕괴시키려 한다. 한편 부재의 회전변형에 따라 스프링의 길이가 $l\theta$ 만큼 변화하게 되어 새로운 힘이 발생하게 되는데 그 크기는 $kl\theta$ 이다. 스프링에 발생한 힘은 부재가 외력에 의한 회전 붕괴를 억제하는 방향으로 모멘트를 발생시키며 그 크기는 $kl^2\theta$ 이다. 결국 부재에 작용하는 두 회전모멘트의 크기에 따라 부재는 회전에 의한 붕괴가 일어날 수도 있고, 회전변형이 전혀 발생하지 않을 수도 있다. 즉, 외력에 의한 모멘트 M_P 보다 스프링의 복원모멘트 M_F 가 작은 경우에만 회전에 의한 구조물의 붕괴가 발생하게 된다. 이렇게 구조물이 붕괴될 수 있는 경우를 불안정하다고 말하고 복원모멘트가 더 커 회전붕괴가 발생할 수 없는 경우를 안정하다고 하며, 두 모멘트의 크기가 동일한 경우를 중립 상태에 있다고 말한다. 결국 다음과 같이 정리할 수 있다.

안정 상태

$$kl^2\theta > Pl\theta, \qquad kl > P \tag{12-8}$$

중립 상태

$$kl = P \tag{12-9}$$

불안정 상태

$$kl < P \tag{12-10}$$

예제 12-1 그림과 같이 동일한 재료로 만들어진 두 개의 부재가 힌지로 결합된 상태에서 그림과 같은 하중을 받을 때 좌굴이 발생하지 않고 구조물이 안정적으로 거동하도록 설계할 조건을 구하시오.

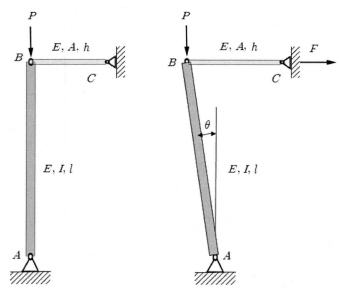

그림 12-7 안정성확보를 위한 설계(예제)

풀이)

AB 부재의 길이는 l, BC 부재의 길이는 h, 각 부재의 단면의 특성이 I_{AB}, A_{BC} 라 하자. 외력으로 인해 부재 AB가 압축하중을 받는 경우를 생각해 보기로 한다. 이 경우 부재 BC가 앞에서 언급한 스프링과 같은 역할을 하게 되며 부재의 스프링 강성은 $\dfrac{EA}{h}$ 이므로 구조물이 안정한 거동을 이루기 위한 조건은 다음과 같다.

$$EA_{BC} \geq \frac{Ph}{l}$$

즉 BC 부재의 단면적이 위 조건을 만족하면 부재는 안정한 거동을 할 수 있다.

이제 부재 AB를 살펴보기로 한다. AB 부재에는 압축하중이 작용하므로 부재가 좌굴되지 않기 위해서는 외력 P의 크기는 다음과 같이 제한된다.

$$P \leq P_{cr} = \frac{\pi^2 EI_{AB}}{l^2}$$

이 조건과 앞서 구조물의 안정성 조건을 결합하면 두 부재를 설계할 때 다음 조건을 만족시키도록 두 부재의 단면형상을 결정해야 함을 알 수 있다.

$$EA_{BC} \geq \frac{P_{cr}h}{l} = \frac{\pi^2 EI_{AB}h}{l^3}$$

$$A_{BC} \geq \frac{\pi^2 I_{AB}h}{l^3}$$

연습문제

문12-1 내경 $d=4$cm, 외경 $D=5$cm, 길이 $l=2$m의 원형기둥에 대한 세장비를 구하라.

문12-2 정사각형 단면의 길이가 4m인 장주가 양단이 단순지지형태로 지지되어 1,500kg의 압축하중을 받고 있다. 좌굴이 발생하지 않도록 하려면 한변의 길이를 얼마로 하면 되겠는가? 단, $E=2.0\times10^4$kg/mm^2 이다.

문12-3 길이가 3m인 원형 단면의 기둥이 양단이 고정된 형태로 지지되어 있다. 압축하중 1ton이 작용한다면 기둥의 지름은 얼마로 해야 하는가? 단, 오일러식을 이용하고 안전율은 5이며 $E=1.0\times10^4$kg/cm^2 이다.

문12-4 그림과 같이 양단이 고정된 보의 온도가 ΔT만큼 증가하려 한다. 부재의 열팽창계수를 α라 하고, 부재가 좌굴파손되지 않는 온도 증가의 한계치는 얼마인가? 단, 부재는 세장비가 충분히 커서 압축항복에 의한 파손이 발생하기 전에 좌굴이 발생하는 상황이다.

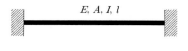

문제 12-4

부록

부록 A. 평면도형의 성질

A.1 도심

그림 A1-1과 같은 평면도형의 기하학적 중심 C의 좌표는 다음과 같은 식으로부터 구할 수 있다.

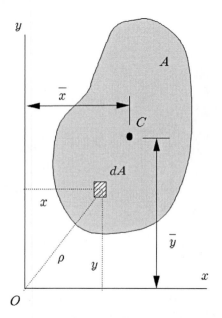

그림 A1-1 단면에 대한 1차 모멘트와 중심

$$\bar{x} = \frac{\displaystyle\int x dA}{\displaystyle\int dA} \tag{A-1}$$

$$\bar{y} = \frac{\displaystyle\int y dA}{\displaystyle\int dA} \tag{A-2}$$

위 식에서 분자에 해당하는 것을 면적에 대한 1차모멘트라 하고 기호 G로 나타낸다. 즉, y축에 대한 1차모멘트는 미소 면적에 y축까지의 거리를 곱한 값들을 모두 더한 값을 의미한다.

y축에 대한 1차모멘트,

$$G_y = \int x dA \qquad\qquad (A\text{-}3)$$

x축에 대한 1차모멘트,

$$G_x = \int y dA \qquad\qquad (A\text{-}4)$$

예제 A1-1 다음 직각삼각형의 도심을 구하시오.

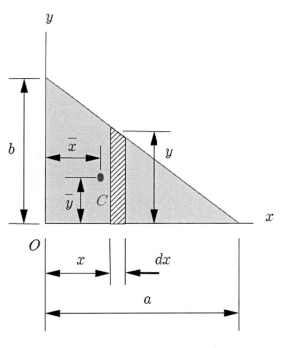

그림 A1-2 **직각 삼각형의 도심(예제)**

풀이)

삼각형의 면적은 $A = ab/2$ 이고, x 위치에서의 삼각형의 높이가 $y = b - \dfrac{b}{a}x$ 이므로 y축에 대한 1차모멘트를 사용하여 $\overline{x}$ 를 다음과 같이 구할 수 있다.

$$\overline{x} = \frac{\displaystyle\int_0^a xy\,dx}{\displaystyle\int_0^a y\,dx} = \frac{\displaystyle\int_0^a x\left(b - \frac{b}{a}x\right)dx}{ab/2} = \frac{a}{3}$$

마찬가지 방법으로 x축에 대한 1차모멘트를 사용하여 $\overline{y}$ 를 구하면 다음과 같다.

$$\overline{y} = \frac{b}{3}$$
∎

도심이 가지는 중요한 특성을 살펴보면 다음과 같다.
1) 대칭축이 존재하는 경우 면적의 도심은 반드시 대칭축 상에 있다.
2) 두 개의 대칭축을 가지고 있으면 면적의 도심은 두 개의 대칭축의 교차점에 있다.

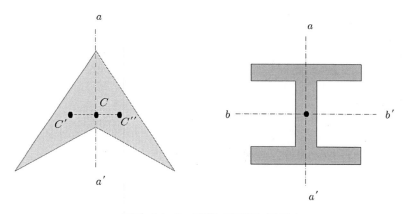

그림 A1-3 대칭 단면의 중심

· 그림 A1-3과 같이 대칭축을 기준으로 반쪽 도형의 중심을 각각 C', C''라 하면 본래 도형의 중심은 기준축과 선분 $C'C''$의 교점이 된다. 그림과 같이 두 개의 대칭축을 가지는 I형 단면의 경우 중심은 두 대칭축의 교점이 된다.

그림 A1-4와 같이 여러 개의 도형이 합성된 형태의 단면을 가지는 경우 그 중심은 다음과 같이 구할 수 있다.

$$\overline{x} = \frac{\displaystyle\sum_i A_i x_i}{\displaystyle\sum_i A_i} = \frac{A_1 x_1 + A_2 x_2 + A_3 x_3}{A_1 + A_2 + A_3} \tag{A-5}$$

$$\overline{y} = \frac{\displaystyle\sum_i A_i y_i}{\displaystyle\sum_i A_i} = \frac{A_1 y_1 + A_2 y_2 + A_3 y_3}{A_1 + A_2 + A_3} \tag{A-6}$$

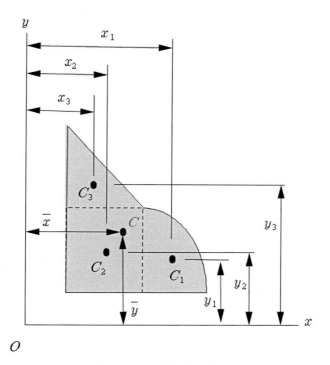

그림 A1-4 합성도형의 중심

기본 도형의 면적과 도심은 그림 A1-9를 참조하기 바란다.

A.2 관성모멘트

그림 A1-5와 같은 평면도형의 관성모멘트는 다음과 같이 정의한다.

$$I_x = \int y^2 \, dA \qquad\qquad I_y = \int x^2 \, dA \qquad\qquad\qquad (A\text{-}7)$$

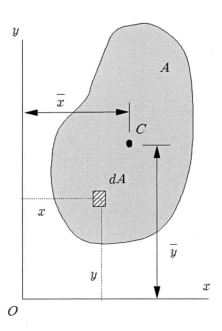

그림 A1-5 단면에 대한 관성모멘트

미소요소의 면적에 축까지 거리의 제곱을 곱한 것이므로 관성모멘트를 면적에 대한 2차모멘트라고도 한다.

그림 A1-6과 같이 단면의 중심을 지나는 축을 x_c, y_c라 하고, x, y축과 도형의 중심까지의 거리를 d_1, d_2라 하면 다음 관계를 얻을 수 있다.

$$I_x = \int (y + d_1{}^2) \, dA = \int y^2 \, dA + 2d_1 \int y \, dA + d_1{}^2 \int dA$$

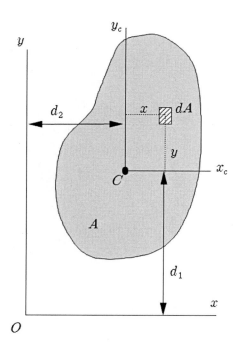

그림 A1-6 단면에 대한 관성모멘트

우변 식의 첫 항은 도형의 중심축 x_c에 대한 관성모멘트이며, 둘째 항은 x_c축이 도형의 중심을 지나므로 '0'이 된다. 따라서 위 식은 다음과 같이 된다.

$$I_x = I_{x_c} + A d_1{}^2 \tag{A-8}$$

$$I_y = I_{y_c} + A d_2{}^2 \tag{A-9}$$

위 식을 관성모멘트에 대한 평행축 정리라 한다.

예제 A1-2 그림과 같은 직사각형 단면에 대한 관성모멘트를 다음 조건에 따라 구하시오.
1) 중심축에 대한 관성모멘트
2) 밑변을 축으로 하는 관성모멘트

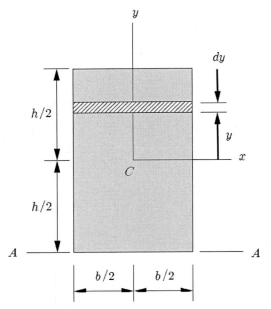

그림 A1-7 직사각형 단면에 대한 관성모멘트(예제)

풀이)

1) 중심축에 대한 관성모멘트

그림에 보여준 것처럼 중심에서 y만큼 떨어진 곳에서 dy에 해당하는 미소단면적을 취하면
미소면적은 $dA = bdy$ 이므로 x축에 대한 관성모멘트는 다음과 같이 구할 수 있다.

$$I_x = \int_{-h/2}^{h/2} y^2 dA = \int_{-h/2}^{h/2} y^2 b dy = \frac{bh^3}{12}$$

y축에 대한 것은 마찬가지 방법으로 구하면

$$I_y = \frac{hb^3}{12}$$

2) 밑변을 축으로 할 때

평행축정리를 적용하면

$$I_{AA} = I_x + Ay_c^2 = \frac{bh^3}{12} + bh(\frac{h}{2})^2 = \frac{bh^3}{3}$$ ∎

예제 A1-3 그림과 같은 빔의 수평 중심축에 대한 관성모멘트를 구하시오.

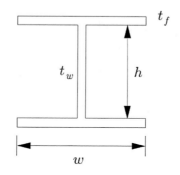

그림 A1-8   I-빔에 대한 관성모멘트(예제)

풀이)
상/하 플랜지와 웹 단면으로 구성된 빔의 수평 중심축에 대한 관성모멘트는 평행축 정리를
적용하여 다음과 같이 구할 수 있다.

$$I = 2I_f + I_w$$
$$= 2\left(\frac{wt_f^3}{12} + wt_f\left(\frac{h}{2} + \frac{t_f}{2}\right)^2\right) + \frac{t_w h^3}{12} \qquad \blacksquare$$

기본 도형에 대한 관성모멘트를 그림 A1-9에 보였다.
면적에 대한 회전반경(radius of gyration)이라는 물리량을 사용하는 경우가 있는데 이것은
다음과 같이 정의한다.

$$k = \sqrt{\frac{I}{A}} \tag{A-10}$$

폭이 b, 높이가 h인 직사각형의 회전반경은 다음과 같다.

$$k = \sqrt{\frac{bh^3/12}{bh}} = \frac{h}{2\sqrt{3}} \tag{A-11}$$

반지름이 r인 원형단면의 회전반경은 다음과 같다.

$$k = \sqrt{\frac{\pi r^4/4}{\pi r^2}} = \frac{r}{2} \tag{A-12}$$

A.3 극관성모멘트

관성모멘트는 면적이 존재하는 평면상에 있는 x, y축에 대한 2차 모멘트를 말하고, 극관성모멘트(polar moment of inertia)는 평면에 수직한 z축에 대한 2차모멘트를 말하며 그림 A1-10의 경우 다음과 같이 정의하며 기호로 J라 나타낸다.

$$J = \int \rho^2 dA \tag{A-13}$$

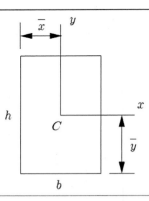

$$A = bh \quad \bar{x} = \frac{b}{2} \quad \bar{y} = \frac{h}{2}$$

$$I_x = \frac{bh^3}{12}$$

$$J = \frac{bh}{12}(b^2 + h^2)$$

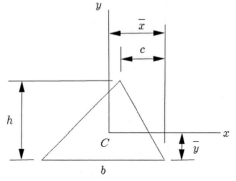

$$A = \frac{bh}{12} \qquad \bar{x} = \frac{b+c}{3} \qquad \bar{y} = \frac{h}{3}$$

$$I_x = \frac{bh^3}{36}$$

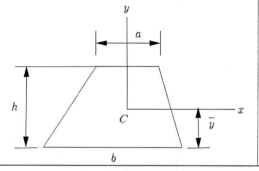

$$A = \frac{h(a+b)}{2} \qquad \bar{y} = \frac{h(2a+b)}{3(a+b)}$$

$$I_x = \frac{h^3(a^2 + 4ab + b^2)}{36(a+b)}$$

그림 A1-9 기본 도형에 대한 관성모멘트

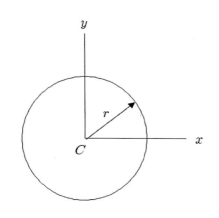

$$A = \pi r^2 = \frac{\pi d^2}{4}$$

$$I_x = \frac{\pi r^4}{4} = \frac{\pi d^4}{64}$$

$$J = \frac{\pi r^4}{2} = \frac{\pi d^4}{32}$$

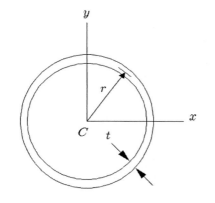

$r \gg t$인 경우 대략적으로

$$A = 2\pi r t$$

$$I_x = \pi r^3 t = \frac{\pi d^3 t}{8}$$

$$J = 2\pi r^3 t = \frac{\pi d^3 t}{4}$$

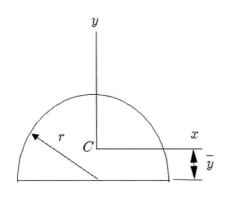

$$A = \frac{\pi r^2}{2} \qquad \overline{y} = \frac{4r}{3\pi}$$

$$I_x = 0.1098 r^4$$

그림 A1-9   기본 도형에 대한 관성모멘트

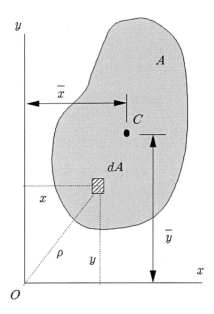

그림 A1-10   극관성모멘트

식에서 ρ 는 원점에서 미소단면적 dA 까지의 거리이고, $\rho^2 = x^2 + y^2$ 이므로 다음과 같은 결론을 얻게 된다.

$$J = \int \rho^2 dA = \int (x^2 + y^2)dA = I_x + I_y \tag{A-14}$$

예제 A1-4 반지름이 r 인 원형단면의 중심에 대한 관성모멘트를 구하시오.

풀이)

그림과 같이 중심에서 ρ 떨어진 곳에서 고리형태의 미소단면을 취하면, $dA = 2\pi\rho\,d\rho$ 이므로 극관성모멘트는 다음과 같다.

$$J = \int_0^r \rho^2 (2\pi\rho\,d\rho) = \frac{\pi r^4}{2} = \frac{\pi d^4}{32}$$

식에서 d 는 원의 지름이다. $J = I_x + I_y$ 이므로

$$I_x = I_y = \frac{J}{2} = \frac{\pi r^4}{4} = \frac{\pi d^4}{64}$$

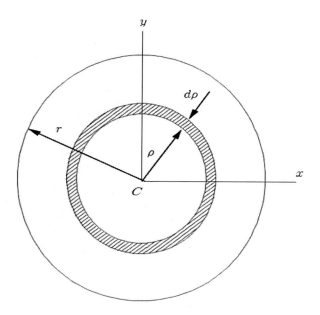

그림 A1-11 원형 단면에 대한 극관성모멘트(예제)

A.4 상승모멘트

그림 A1-10에 나타낸 도형의 x, y축에 대한 상승모멘트는 다음과 같이 정의되는 물리량이다.

$$I_{xy} = \int xy\,dA \tag{A-15}$$

관성모멘트는 항상 (+) 값을 가지는데 반해 상승모멘트는 면적이 축의 (+) 방향에 위치하느냐 (-) 방향에 위치하느냐에 따라 부호가 달라지게 된다. 그래서 그림 A1-12와 같이 대칭형태의 단면인 경우 대칭축을 중심으로 동일한 미소면적이 대칭축의 양쪽 편에 항상 존재하고 각 미소단면에 대한 상승모멘트의 크기는 같고 부호는 반대이므로 상승모멘트는 '0'이 된다.

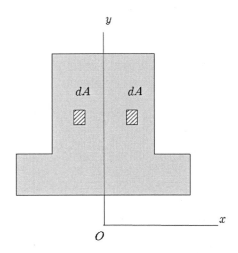

그림 A1-12 대칭 도형의 상승모멘트

A.5 축의 회전

평면도형의 관성모멘트는 축의 위치뿐만 아니라 축의 방향에 따라서도 달라지게 된다. 그림 A1-13과 같은 단면에서 x, y축에 대한 관성모멘트와 θ만큼 회전한 x_1, y_1 축에 대한 관성모멘트의 관계를 알아보기로 한다.

먼저 x, y 축에 대한 2차모멘트는 다음과 같다.

$$I_x = \int y^2 dA \qquad\qquad I_y = \int x^2 dA \qquad\qquad I_{xy} = \int xy\, dA$$

미소단면이 있는 곳의 좌표는 x, y축 기준으로 $(x,\ y)$, x_1, y_1 축 기준으로는 $(x_1,\ y_1)$이다. 두 축 사이의 관계는 다음과 같다.

$$x_1 = x\cos\theta + y\sin\theta \qquad\qquad y_1 = y\cos\theta - x\sin\theta$$

x_1, y_1 축에 대한 관성모멘트는 다음과 같이 구해진다.

$$
\begin{aligned}
I_{x_1} &= \int y_1{}^2 dA = \int (y\cos\theta - x\sin\theta)^2\, dA \\
&= \cos^2\theta \int y^2 dA + \sin^2\theta \int x^2 dA - 2\sin\theta\cos\theta \int xy\, dA \\
&= I_x\cos^2\theta + I_y\sin^2\theta - 2I_{xy}\sin\theta\cos\theta
\end{aligned}
$$

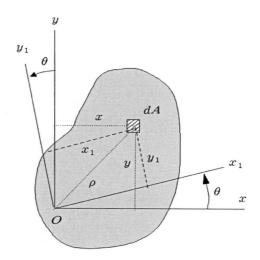

그림 A1-13 축의 회전에 따른 관성모멘트의 변화

다음과 같은 삼각함수의 관계식을 적용하자.

$$\cos^2\theta = \frac{1}{2}(1+\cos 2\theta) \qquad\qquad \sin^2\theta = \frac{1}{2}(1-\cos 2\theta)$$

$$2\sin\theta\cos\theta = \sin 2\theta$$

결국 다음의 식을 얻는다.

$$I_{x_1} = \frac{I_x+I_y}{2} + \frac{I_x-I_y}{2}\cos 2\theta - I_{xy}\sin 2\theta \qquad\qquad \text{(A-16)}$$

마찬가지 방법으로 다음 관계식을 얻을 수 있다.

$$I_{y_1} = \frac{I_x+I_y}{2} - \frac{I_x-I_y}{2}\cos 2\theta + I_{xy}\sin 2\theta \qquad\qquad \text{(A-17)}$$

$$I_{x_1y_1} = \frac{I_x-I_y}{2}\sin 2\theta + I_{xy}\cos 2\theta \qquad\qquad \text{(A-18)}$$

이 관계식은 9.3절 평면응력에서 θ 만큼 회전한 단면에 발생하는 응력의 크기를 구한 결과식과 동일한 형태의 식임을 확인하기 바란다.

단면에 대한 상승모멘트가 '0'인 축에 대한 관성모멘트가 최대 또는 최소값을 가지게 되는데 이 축을 단면의 주축이라고 한다.

부록 B. 연습문제 풀이

Chapter

문제1-1

$700 \, N/mm^2 = ? \, MPa$

$$700 \, N/mm^2 = 700 \times \frac{1N}{1mm^2} = 700 \times \frac{1N}{(10^{-3}m)^2} = 700 \times 10^6 \, N/m^2 = 700 MPa$$

문1-2

$10ksi = ? \, MPa$

$$10ksi = 10000 \times \frac{1\,lb}{1\,in^2} = 10000 \times \frac{4.448N}{(\frac{1}{12}ft^2)} = 10000 \times 4.448 \times 12^2 \times \frac{1N}{(0.3048m)^2}$$

$$= 10000 \times 4.448 \times 12^2 \times \frac{1}{0.3048^2} \, N/m^2 = 68.9 \, MPa$$

문1-3

$55 \, lb/in = ? \, N/m$

$$1in = \frac{1}{12}ft = \frac{1}{12} \times 0.3048m = 0.0254m$$

$$55 \, lb/in = 55 \times \frac{1\,lb}{1\,in} = 55 \times \frac{4.448N}{0.0254m} = 9631 \, N/m$$

문1-4

$80mph = ? \, m/\sec$

$$80mph = 80 \times \frac{1mile}{3600\sec} = 80 \times \frac{5280}{3600} \times \frac{1ft}{1\sec} = 80 \times \frac{5280}{3600} \times \frac{0.3048m}{1\sec} = 35.8m/\sec$$

문1-5

$Q = ? \, , \, \alpha = ?$

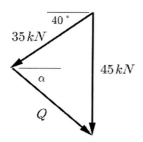

$$\Sigma X = -35\cos40 + Q\cos\alpha = 0 \quad \cdots \ ①$$
$$\Sigma Y = 35\sin40 + Q\sin\alpha = 45 \quad \cdots \ ②$$

①식으로부터 $Q = \dfrac{35\cos40}{\cos\alpha}$ 를 ②식에 대입하여

$$35\sin40 + 35\cos40\dfrac{\sin\alpha}{\cos\alpha} = 45$$

$$\tan\alpha = \dfrac{45 - 35\sin40}{35\cos40} = 0.839$$

$$\alpha = \tan^{-1}0.839 = 40°$$

$$Q = 35\,kN$$

문1-6

$$T_{AC} = 1 \ \text{ton}, \quad T_{AB} = ?$$

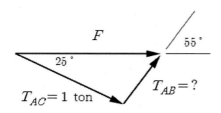

$$\Sigma Y = -T_{AC}\sin25 + T_{AB}\sin55 = 0$$

$$T_{AB} = T_{AC}\dfrac{\sin25}{\sin55} = 0.516 \ \text{ton}$$

문1-7

1) $\theta = 30°$, $T = ?$

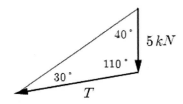

$$\frac{T}{\sin 40} = \frac{5}{\sin 30}$$

$$T = 5 \times \frac{\sin 40}{\sin 30} = 6.43 \, kN$$

2) $T_{\min} = ?$, $\theta = ?$

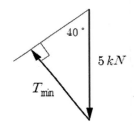

$\theta = 90°$ 일 때 $T_{\min} = 5 \sin 40 = 3.21 \, kN$

문1-8

1) $P_h = ?$, $P_v = ?$

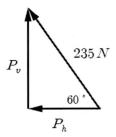

$P_h = 235 \cos 60 = 118 \, N$ (left)

$P_v = 235 \sin 60 = 204 \, N$ (up)

2) $P_{//} = ?$, $P_\perp = ?$

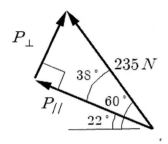

$P_{//} = 235\cos 38 = 185\,N$ (left)

$P_\perp = 235\sin 38 = 145\,N$ (up)

문1-9

$F_x = ?$, $F_y = ?$

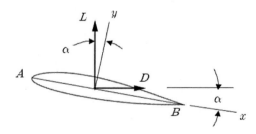

$F_x = D\cos\alpha - L\sin\alpha$

$F_y = D\sin\alpha + L\cos\alpha$

문1-10

그림 $T_h = ?$, $T_v = ?$

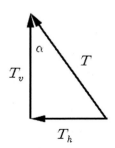

$T_h = T\sin\alpha$ $(\leftarrow)$

$T_v = T\cos\alpha$ $(\uparrow)$

$M_A = ?$

$M_A = 1000 \times 8 + 600 \times 16 = 17600 \, ft\,lb$ (CW)

$M_A = ?$

$M_A = 100 \times 5 \times 2.5 + 700 \times 10 = 8250 \, ft\,lb$ (CW)

$M_A = ?$

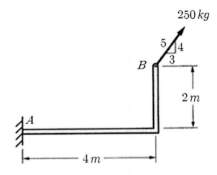

$F_x = 250 \times \dfrac{3}{5} = 150 \, kg$

$F_y = 250 \times \dfrac{4}{5} = 200 \, kg$

$M_A = 4\,F_y - 2\,F_x = 500 \, kg\,m$ (CCW)

$R = ?$, $x = ?$

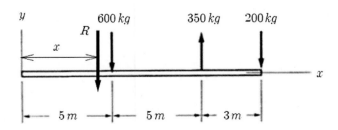

$R = 600 + 200 - 350 = 450 \, kg$

$M_O = 600 \times 5 + 200 \times 13 - 350 \times 10 = 2100 \, kg \, m$

$M_O{}' = 450 \, x = 2100 \, kg \, m$

$x = 4.67 \, m$

문1-15

$R = ? , \quad x = ?$

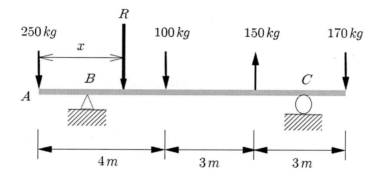

$R = 250 + 100 - 150 + 170 = 370 \, kg$

$M_A = 100 \times 4 - 150 \times 7 + 170 \times 10 = 1050 \, kg \, m$

$M_A{}' = 370 \, x = 1050 \, kg \, m$

$x = 2.84 \, m$

문1-16

$R = ? , \quad x = ?$

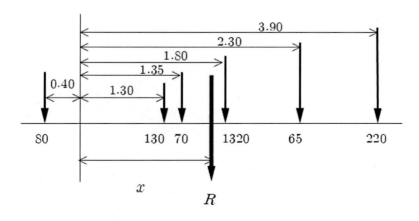

$R = 80 + 130 + 70 + 65 + 220 + 1320 = 1885 \, kg$

$M_A = -80 \times 0.40 + 130 \times 1.30 + 70 \times 1.35 + 65 \times 2.30 + 220 \times 3.90 + 1320 \times 1.80$
$\qquad = 3615 \, kg \, m$

$M_A{}' = 1885 \, x = 3615 \, kg \, m$

$x = 1.92 \, m$

문1-17

$\theta = ?$

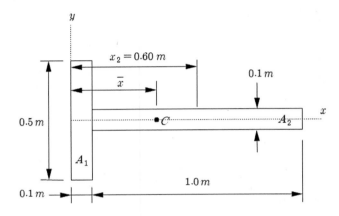

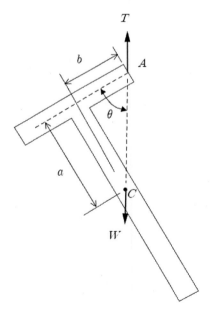

$$A = 0.1 \times 0.5 + 1.0 \times 0.1 = 0.15 \, m^2$$

$$\bar{x} = \frac{0.1 \times 0.5 \times 0.05 + 1.0 \times 0.1 \times 0.6}{0.15} = 0.417 \, m$$

$$\tan\theta = \frac{a}{b} = \frac{0.417 - 0.05}{0.25} = 1.468$$

$$\theta = 56\,°$$

Chapter

문2-1

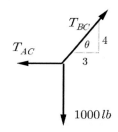

$$\tan\theta = \frac{4}{3} \,, \qquad \theta = 53.1\,°$$

$$\frac{T_{AC}}{\sin 143.1} = \frac{T_{BC}}{\sin 90} = \frac{1000}{\sin 126.9}$$

$$T_{AC} = 750 \, lb \,, \qquad T_{BC} = 1250 \, lb$$

문2-2

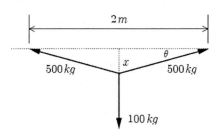

$$\Sigma Y = 2 \times 500 \sin\theta - 100 = 0$$

$$\sin\theta = \frac{x}{\sqrt{1 + x^2}} = 0.1$$

$$x = 0.10 \, m$$

문2-3

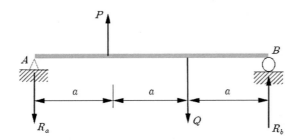

$$\Sigma Y = P - Q - R_a + R_b = 0$$

$$\Sigma M_A = Pa - 2aQ + 3aR_b = 0$$

$$R_b = \frac{1}{3}(-P + 2Q), \quad R_a = \frac{1}{3}(2P - Q)$$

문2-4

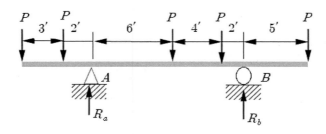

$$\Sigma Y = R_a + R_b - 5P = 0$$

$$\Sigma M_A = 5P + 2P - 6P - 10P - 17P + 12R_b = 0$$

$$R_b = 2.17P, \quad R_a = 2.83P$$

문2-5

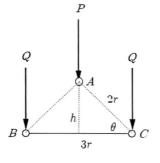
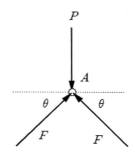
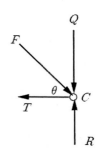

원통 접점에 작용하는 힘, F

$$\cos\theta = \frac{1.5}{2} \ , \quad \theta = 41.4°$$

원통 중심 A에서

$$\Sigma Y = 2F\sin\theta - P = 0$$

$$F = \frac{P}{2\sin\theta} = 0.756P$$

원통 중심 C에서

$$\Sigma X = F\cos\theta - T = 0$$

$$\Sigma Y = -F\sin\theta - Q + R = 0$$

$$T = F\cos\theta = 0.56P$$

문2-6

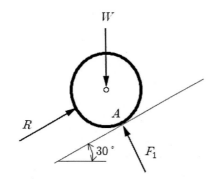 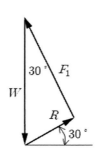

$$R = W\sin30 = \frac{W}{2}$$

$$F_1 = W\cos30 = \frac{\sqrt{3}}{2} W$$

문2-7

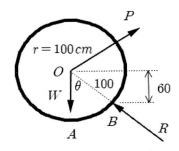

계단 위로 끌어 올려지는 순간 A 점에서 떨어지므로 A 점에서는 아무 힘이 발생하지 않는다. 끌어 올리는 힘이 최소가 되기 위해서는 P 의 방향이 $\overline{OB}$ 와 수직이 되어야 한다.

$$\cos\theta = 0.6 , \quad \theta = 53.1°$$

들어 올려지는 순간 B 점에 대한 모멘트가 0이 되므로

$$\Sigma M_B = Wr\sin\theta - Pr = 0$$
$$P = W\sin\theta = 480\,kg$$

문2-8

1) 부재 BC 는 두 힘 부재이므로 R_B 의 방향은 부재 BC 의 방향과 같고, 세힘 정리를 적용하면 반력 R_A 의 방향은 그림과 같다.

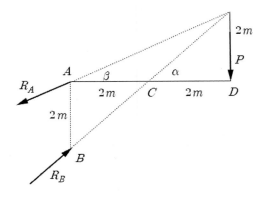

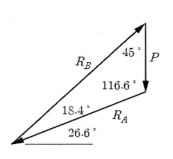

$$\alpha = 45° , \quad \tan\beta = 0.5 , \quad \beta = 26.6°$$
$$\frac{R_A}{\sin 45} = \frac{R_B}{\sin 116.6} = \frac{P}{\sin 18.4}$$
$$R_A = 2.24P , \quad R_B = 2.83P$$

2)

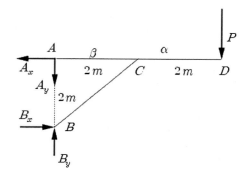

$$\Sigma X = - A_x + B_x = 0$$
$$\Sigma Y = - A_y + B_y - P = 0$$
$$\Sigma M_A = 2B_x - 4P = 0$$
$$B_x = 2P , \quad A_x = 2P$$

부재 B, C는 45° 방향이므로 $B_y = B_x = 2P$, $A_y = P$

문2-9

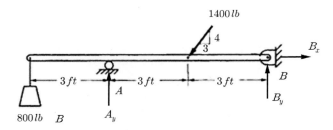

$$\Sigma X = - \frac{3}{5} \times 1400 + B_x = 0$$

$$\Sigma Y = - 800 + A_y - \frac{4}{5} \times 1400 + B_y = 0$$

$$\Sigma M_B = 800 \times 9 - 6A_y + 1400 \times \frac{4}{5} \times 3 = 0$$

$$A_y = 1760 \, lb \, (up), \quad B_y = 160 \, lb \, (up) , \quad B_x = 840 \, lb \, (right)$$

문3-1

a)

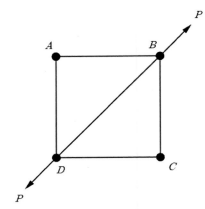

AB, AD, BC, CD는 무부하 부재이므로 $F_{AB} = F_{AD} = F_{BC} = F_{CD} = 0$

$F_{BD} = P$ (인장)

b)

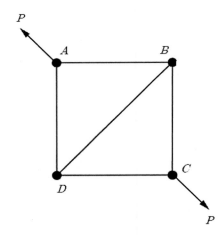

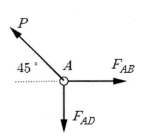

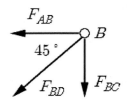

절점 A에서

$$\Sigma X = -P\cos 45 + F_{AB} = 0$$

$$\Sigma Y = P\sin 45 - F_{AD} = 0$$

$$F_{AB} = F_{AD} = \frac{\sqrt{2}}{2}P \quad (인장)$$

절점 B에서

$$\Sigma X = -F_{AB} - F_{BD}\cos 45 = 0$$

$$\Sigma Y = -F_{BD}\sin 45 - F_{BC} = 0$$

$$F_{BD} = -P \quad (압축), \qquad F_{BC} = \frac{\sqrt{2}}{2}P \quad (인장)$$

절점 C는 A와 동일하므로 $F_{BC} = F_{CD} = \frac{\sqrt{2}}{2}P \quad (인장)$

c)

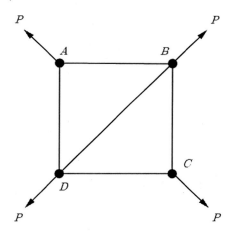

이 문제는 문제 a)와 문제 b)가 더해진 형태이므로 각 부재에 발생하는 내력은 문제 a)와 문제 b)의 결과를 더한 것과 같다.

$$F_{AB} = F_{AD} = F_{BC} = F_{CD} = \frac{\sqrt{2}}{2}P \quad (인장)$$

$$F_{BD} = P - P = 0$$

문3-2

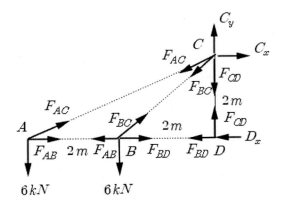

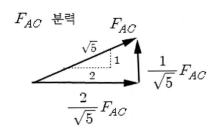

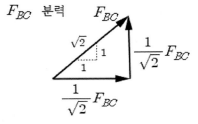

절점 A에서

$$\Sigma X = \frac{2}{\sqrt{5}} F_{AC} + F_{AB} = 0$$

$$\Sigma Y = \frac{1}{\sqrt{5}} F_{AC} - 6 = 0$$

$F_{AC} = 13.4\,kN$ (인장),　$F_{AB} = -12\,kN$ (압축)

절점 B에서

$$\Sigma X = -F_{AB} + F_{BD} + \frac{1}{\sqrt{2}} F_{BC} = 0$$

$$\Sigma Y = \frac{1}{\sqrt{2}} F_{BC} - 6 = 0$$

$F_{BC} = 8.5\,kN$ (인장),　$F_{BD} = -18\,kN$ (압축)

절점 D에서

$$\Sigma X = -F_{BD} - D_x = 0$$

$$\Sigma Y = F_{CD} = 0$$

$$D_x = 18\,kN \quad \text{(left)}$$

절점 C에서

$$\Sigma X = C_x - \frac{2}{\sqrt{5}} F_{AC} - \frac{1}{\sqrt{2}} F_{BC} = 0$$

$$\Sigma Y = C_y - \frac{1}{\sqrt{5}} F_{AC} - \frac{1}{\sqrt{2}} F_{BC} - F_{CD} = 0$$

$$C_x = 18\,kN \quad \text{(right)}, \quad C_y = 12\,kN \quad \text{(up)}$$

검증)

전체 구조물에 대한 자유물체도에서

$$\Sigma X = C_x - D_x = 0$$

$$\Sigma Y = C_y - 6 - 6 = 0$$

$$\Sigma M_C = 6 \times 4 + 6 \times 2 - 2D_x = 0$$

$$C_y = 12\,kN \ \text{(up)}, \quad D_x = 18\,kN \ \text{(left)}, \quad C_x = 18\,kN \ \text{(right)}$$

문3-3

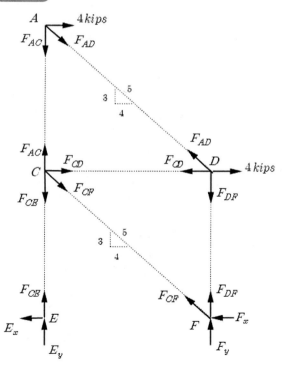

$F_{BD} = 0$ (무부하 부재), $\quad F_{AB} = 4\,kips$

절점 A에서

$$\Sigma X = 4 + \frac{4}{5} F_{AD} = 0$$

$$\Sigma Y = - F_{AC} - \frac{3}{5} F_{AD} = 0$$

$$F_{AD} = -5\,kips \quad (압축), \quad F_{AC} = 3\,kips \quad (인장)$$

절점 D에서

$$\Sigma X = 4 - \frac{4}{5} F_{AD} - F_{CD} = 0$$

$$\Sigma Y = \frac{3}{5} F_{AD} - F_{DF} = 0$$

$$F_{CD} = 8\,kips \quad (인장), \quad F_{DF} = -3\,kips \quad (압축)$$

절점 C에서

$$\Sigma X = F_{CD} + \frac{4}{5} F_{CF} = 0$$

$$\Sigma Y = F_{AC} - F_{CE} - \frac{3}{5} F_{CF} = 0$$

$$F_{CF} = -10\,kips \quad (압축), \quad F_{CE} = 9\,kips \quad (인장)$$

절점 E에서
$$\Sigma X = - E_x = 0$$
$$\Sigma Y = F_{CE} + E_y = 0$$
$$E_y = -9\,kips \quad (down), \quad E_x = 0$$

절점 F에서

$$\Sigma X = - F_x - \frac{4}{5} F_{CF} = 0$$

$$\Sigma Y = F_{DF} + \frac{3}{5} F_{CF} + F_y = 0$$

$$F_y = 9\,kips \quad (up), \quad F_x = 8\,kips \quad (left)$$

검증)
전체 자유물체도에서
$$\Sigma X = 4 + 4 - E_x - F_x = 0$$
$$\Sigma Y = E_y + F_y = 0$$

$$\Sigma M_E = -4 \times 12 - 4 \times 6 + 8F_y = 0$$

$F_y = 9\,kips$ (up), $E_y = -9\,kips$ (down), $E_x = 0$ (절점 E에서 무부하 부재),

$F_x = 8\,kips$ (left)

문3-4

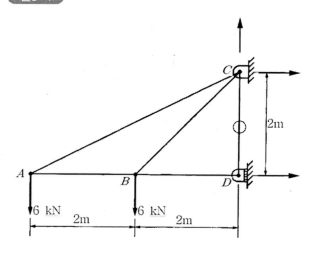

절점 D에서 $F_{CD} = 0$

문3-5

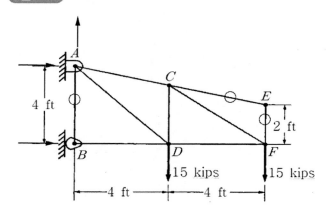

절점 E에서 $F_{CE} = F_{EF} = 0$,   절점 B에서 $F_{AB} = 0$

문3-6

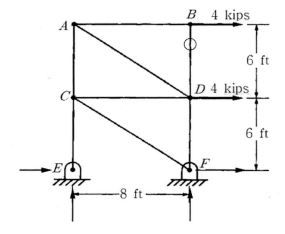

절점 B에서 $F_{BD} = 0$, 절점 E에서 $E_x = 0$

문3-7

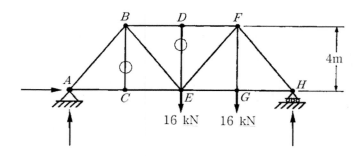

절점 C에서 $F_{BC} = 0$, 절점 D에서 $F_{DE} = 0$

문3-8

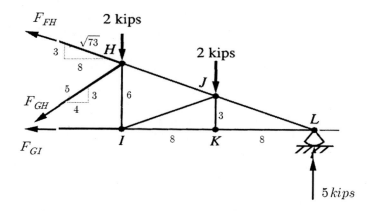

좌, 우 대칭이므로 두 지지점에서 반력은 $A_y = L_y = 5\,kips$, $A_x = 0$

$$\Sigma X = -\frac{8}{\sqrt{73}} F_{FH} - \frac{4}{5} F_{GH} - F_{GI} = 0$$

$$\Sigma Y = \frac{3}{\sqrt{73}} F_{FH} - \frac{3}{5} F_{GH} - 2 - 2 + 5 = 0$$

$$\Sigma M_H = -6 F_{GI} - 2 \times 8 + 5 \times 16 = 0$$

$F_{GI} = 10.67\,kips$ (인장), $F_{GH} = -3.33\,kips$ (압축), $F_{FH} = -8.54\,kips$ (압축)

문3-9

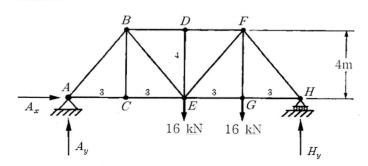

전체 자유물체도에서 반력을 구하면

$$\Sigma X = A_x = 0$$

$$\Sigma Y = A_y + H_y - 16 - 16 = 0$$

$$\Sigma M_A = -16 \times 6 - 16 \times 9 + 12 H_y = 0$$

$H_y = 20\,kN$ (up), $A_y = 12\,kN$ (up)

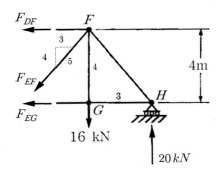

$$\Sigma X = -F_{DF} - \frac{3}{5}F_{EF} - F_{EG} = 0$$

$$\Sigma Y = -\frac{4}{5}F_{EF} - 16 + 20 = 0$$

$$\Sigma M_F = -4F_{EG} + 3 \times 20 = 0$$

$$F_{EG} = 15\,kN \ \text{(인장)}, \quad F_{EF} = 5\,kN \ \text{(인장)}, \quad F_{DF} = -18\,kN \ \text{(압축)}$$

문3-10

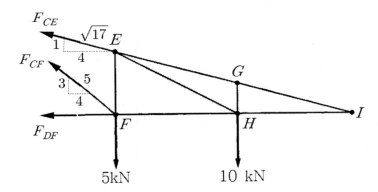

$$\Sigma X = -\frac{4}{\sqrt{17}}F_{CE} - \frac{4}{5}F_{CF} - F_{DF} = 0$$

$$\Sigma Y = \frac{1}{\sqrt{17}}F_{CE} + \frac{3}{5}F_{CF} - 5 - 10 = 0$$

$$\Sigma M_C = -3F_{DF} - 5 \times 4 - 10 \times 8 = 0$$

$$F_{DF} = -33.3\,kN \ \text{(압축)}, \quad F_{CF} = 16.7\,kN \ \text{(인장)}, \quad F_{CE} = 20.6\,kN \ \text{(인장)}$$

문3-11

두 부재를 분리하여 자유물체도를 완성하고 평형조건을 적용한다.

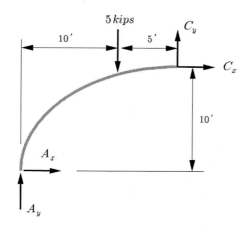

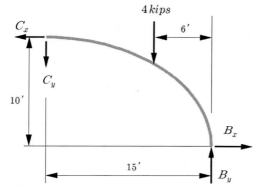

$$\Sigma X = A_x + C_x = 0$$
$$\Sigma Y = A_y + C_y - 5 = 0$$
$$\Sigma M_A = -5 \times 10 + 15 C_y - 10 C_x = 0$$
$$\Sigma X = B_x - C_x = 0$$
$$\Sigma Y = B_y - C_y - 4 = 0$$
$$\Sigma M_B = 4 \times 6 + 10 C_x + 15 C_y = 0$$

6개의 연립방정식을 풀면

$A_x = 3.7 \, kips$ (right), $A_y = 4.13 \, kips$ (up),

$B_x = -3.7 \, kips$ (left), $B_y = 4.87 \, kips$ (up),

$C_x = -3.7 \, kips$, $C_y = 0.87 \, kips$

검증)

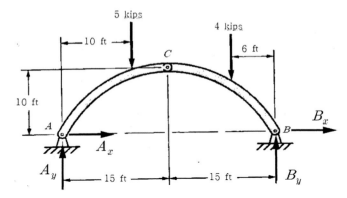

$$\Sigma X = A_x + B_x = 0$$
$$\Sigma Y = A_y + B_y - 5 - 4 = 0$$
$$\Sigma M_A = -5 \times 10 - 4 \times 24 + 30 B_y = 0$$
$$B_y = 4.87\,kips \quad (\text{up}), \quad A_y = 4.13\,kips \quad (\text{up})$$

문3-12

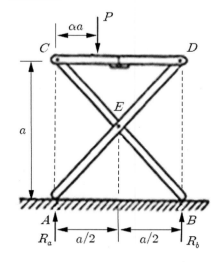

$$\Sigma Y = R_a + R_b - P - = 0$$
$$\Sigma M_A = -\alpha a P + a R_b = 0$$
$$R_b = \alpha P, \quad R_a = (1-\alpha)P$$

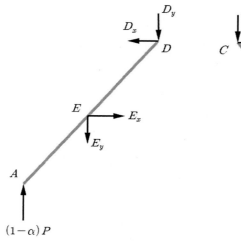
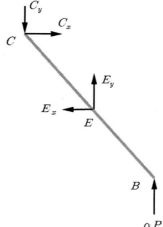

부재 AED에서
$$\Sigma X = E_x - D_x = 0$$
$$\Sigma Y = (1-\alpha)P - E_y - D_y = 0$$
$$\Sigma M_D = \frac{a}{2}E_x + \frac{a}{2}E_y - (1-\alpha)aP = 0$$

부재 BEC에서
$$\Sigma X = C_x - E_x = 0$$
$$\Sigma Y = \alpha P - C_y + E_y = 0$$
$$\Sigma M_C = \frac{a}{2}E_y - \frac{a}{2}E_x + \alpha aP = 0$$

연립방정식을 풀면
$$C_x = P \ , \quad C_y = (1-\alpha)P \ , \quad D_x = P \ , \quad D_y = \alpha P$$
$$E_x = P \ , \quad E_y = (1-2\alpha)P \ , \quad R_E = \sqrt{{E_x}^2 + {E_y}^2} = P\sqrt{1 + (1-2\alpha)^2}$$

문3-13

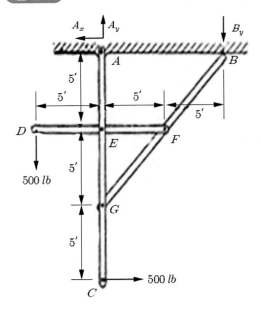

지지점에서의 반력을 구하면

$$\Sigma X = - A_x + 500 = 0$$

$$\Sigma Y = A_y - B_y - 500 = 0$$

$$\Sigma M_A = 500 \times 5 + 500 \times 15 - 10 B_y = 0$$

$$A_x = 500 \, lb \quad \text{(left)}, \quad B_y = 1000 \, lb \quad \text{(down)}, \quad A_y = 1500 \, lb \quad \text{(up)}$$

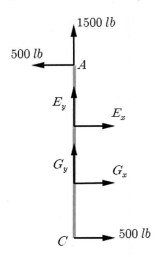

부재 AC에서

$$\Sigma M_E = 5 \times 500 + 5\,G_x + 10 \times 500 = 0$$
$$\Sigma M_G = 10 \times 500 - 5\,E_x + 5 \times 500 = 0$$
$$G_x = -1500\,lb\,, \quad E_x = 1500\,lb$$

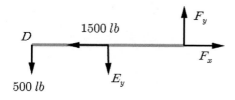

부재 DF에서

$$\Sigma M_F = 10 \times 500 + 5E_y = 0$$
$$\Sigma M_E = 5 \times 500 + 5F_y = 0$$
$$E_y = -1000\,lb\,, \quad F_y = -500\,lb$$

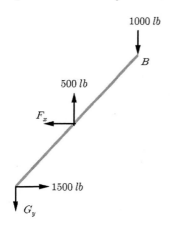

부재 BG에서

$$\Sigma M_F = -5 \times 1000 + 5 \times 1500 + 5\,G_y = 0$$
$$\Sigma M_G = 5 \times 500 - 10 \times 1000 + 5\,F_x = 0$$
$$G_y = -500\,lb\,, \quad F_x = 1500\,lb$$
$$R_E = \sqrt{{E_x}^2 + {E_y}^2} = 1803\,lb$$
$$R_F = \sqrt{{F_x}^2 + {F_y}^2} = 1581\,lb$$
$$R_G = \sqrt{{G_x}^2 + {G_y}^2} = 1581\,lb$$

문4-1

$$\sigma = \frac{P}{A} = \frac{P}{\pi D^2/4} = \frac{4P}{\pi D^2} = \frac{4 \times 5000}{\pi \times 2^2} = 1592\,kg/cm^2$$

문4-2

$$\sigma_{all} = \frac{P}{A} = \frac{P}{a^2}\ , \quad a = \sqrt{\frac{P}{\sigma_{all}}} = \sqrt{\frac{7000}{60}} = 10.8\,mm$$

문4-3

a) 편의상 AB 거리를 h 라 하고 평형조건을 적용하면

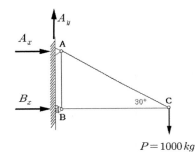

$$P = 1000\,kg$$

$$\Sigma M_A = hB_x - \sqrt{3}\,hP = 0$$
$$B_x = \sqrt{3}\,P = 1732\,kg \quad \text{(right)}$$
$$\Sigma X = A_x + B_x = 0$$
$$A_x = -1732\,kg \quad \text{(left)}$$
$$\Sigma Y = A_y - P = 0$$
$$A_y = 1000\,kg \quad \text{(up)}$$

절점 C에서

$$\Sigma X = -F_{BC} - \frac{\sqrt{3}}{2}F_{AC} = 0\ , \quad \Sigma Y = \frac{1}{2}F_{AC} - 1000 = 0$$

$F_{AC} = 2000\,kg$ (인장), $F_{BC} = -1732\,kg$ (압축)

절점 B에서

$$\uparrow F_{AB} = 0$$

$B_x = 1732 \longrightarrow \bullet \longleftarrow F_{BC} = 1732$

$\Sigma B_x - F_{BC} = 0$

$F_{AB} = 0$

$\sigma_{AB} = \dfrac{F_{AB}}{A} = 0$

$\sigma_{AC} = \dfrac{F_{AC}}{A} = \dfrac{2000}{2^2} = 500\,kg/mm^2$ (인장)

$\sigma_{BC} = \dfrac{F_{BC}}{A} = -433\,kg/mm^2$ (압축)

b)

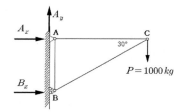

지지점에서의 반력의 형태가 문 a)와 동일하므로

$A_x = -1732\,kg$ (left), $A_y = 1000\,kg$ (up), $B_x = \sqrt{3}\,P = 1732\,kg$ (right)

절점 C에서

F_{AC}

$30\,^{\circ}$ $\searrow$

F_{BC} $\quad \downarrow 1000$

$\Sigma Y = -F_{BC} \times \dfrac{1}{2} - 1000 = 0$

$\Sigma X = -F_{AC} - F_{BC} \times \dfrac{\sqrt{3}}{2} = 0$

$F_{BC} = -2000\,kg$ (압축), $F_{AC} = 1732\,kg$ (인장)

절점 B에서

$$\Sigma Y = F_{AB} - 2000 \times \frac{1}{2} = 0$$

$$F_{AB} = 1000 \, kg \quad (인장)$$

$$\sigma_{AB} = \frac{F_{AB}}{A} = 250 \, kg/mm^2 \quad (인장)$$

$$\sigma_{AC} = \frac{F_{AC}}{A} = 433 \, kg/mm^2 \quad (인장)$$

$$\sigma_{BC} = \frac{F_{BC}}{A} = -500 \, kg/mm^2 \quad (압축)$$

문4-4

리벳 하나가 받는 전단하중, $V = \dfrac{P}{n} = 667 \, kg$

$$\tau = \frac{V}{2A} = \frac{V}{2\pi D^2/4} = \frac{667}{2 \times \pi \times 5^2/4} = 17 \, kg/mm^2$$

문4-5

$$V = \frac{P}{n} = 500 \, kg, \quad \tau_u = \frac{V}{\pi D^2/4} \quad 이므로$$

$$D = \sqrt{\frac{4V}{\pi \tau_u}} = \sqrt{\frac{4 \times 500}{\pi \times 23}} = 5.3 \, mm$$

문4-6

전단면의 면적, $A = \pi Dt = \pi \times 0.5 \times 0.3 = 0.471 \, in^2$

$$\tau_u = \frac{P}{A} \quad 이므로 \quad P = A\tau_u = 0.471 \times 35000 = 16493 \, lb$$

문4-7

$$\sigma_t = 115 \, ksi, \quad \sigma_y = 98 \, ksi \quad (0.2\% \text{ offset})$$

$$E = \frac{55000}{0.002} = 27.5 \times 10^6 \, psi \quad (기울기)$$

문4-8

허용응력, $\sigma_a = \dfrac{\sigma_u}{SF} = \dfrac{500}{2.5} = 200\,MPa = 200\,N/mm^2$

$\sigma_a = \dfrac{P}{\pi D^2/4}$ 이므로, $D = \sqrt{\dfrac{4P}{\pi\,\sigma_a}} = \sqrt{\dfrac{4\times 75000}{\pi \times 200}} = 21.9\,mm$

Chapter

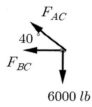

문5-1

절점 C에서

$\Sigma X = -F_{AC}\cos 40 - F_{BC} = 0$

$\Sigma Y = F_{AC}\sin 40 - 600 = 0$

$F_{AC} = 9334\,lb$ (인장), $F_{BC} = -7150\,lb$ (압축)

$A = \dfrac{\pi D^2}{4} = 0.503\,in^2$

$\sigma_{AC} = \dfrac{F_{AC}}{A} = 18.6\,ksi$ (인장), $\sigma_{BC} = \dfrac{F_{BC}}{A} = -14.2\,ksi$ (압축)

$\delta_{AC} = \dfrac{\sigma_{AC}}{E}\,l_{AC} = \dfrac{18.6}{10000} \times \dfrac{20}{\cos 40} = 0.049\,in$ (신장)

$\delta_{BC} = \dfrac{\sigma_{BC}}{E}\,l_{BC} = \dfrac{-14.2}{10000} \times 20 = -0.028\,in$ (수축)

문5-2

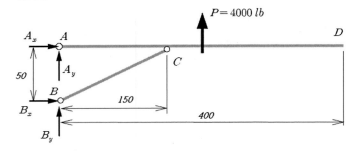

분포하중의 합력, $P = wb = 4000\,lb$

BC 부재는 두 힘 부재이므로 축력만 존재, 즉 B_x , B_y ,의 합력의 방향은 부재 BC 길이 방향임.

$$\Sigma M_A = P\,\frac{b}{2} + B_x\,h = 0$$

$$B_x = -\frac{Pb}{2h} = -\frac{4000 \times 400}{2 \times 50} = -16000\,lb \quad \text{(left)}$$

$$B_y = \frac{1}{3}\,B_x = -5333\,lb \quad \text{(down)}$$

$$F_{BC} = \frac{\sqrt{10}}{3}\,B_x = 16865\,lb \quad \text{(인장)}$$

$$\sigma_{BC} = \frac{F_{BC}}{A} = \frac{F_{BC}}{\pi R^2} = \frac{16865}{\pi \times 1^2} = 5.37\,ksi \quad \text{(인장)}$$

문5-3

각 구간 별로 내력을 먼저 구한다.

$$P \longleftarrow \boxed{\qquad \longrightarrow Q \qquad} \longrightarrow F_{BC}$$

BC 구간 내력을 구하는 것은

$$\Sigma X = -P + Q + F_{BC} = 0$$

$F_{AB} = P = 15000\,kg \quad \text{(인장)}, \qquad F_{BC} = P - Q = 8000\,kg \quad \text{(인장)},$

$F_{CD} = P = 15000\,kg \quad \text{(인장)}$

$$\sigma_{AB} = \frac{F_{AB}}{A} = 5000\,kg/cm^2 \quad \text{(인장)}, \qquad \sigma_{BC} = \frac{F_{BC}}{A} = 2667\,kg/cm^2 \quad \text{(인장)}$$

$$\sigma_{CD} = \frac{F_{CD}}{A} = \sigma_{AB} = 5000\,kg/cm^2 \quad \text{(인장)}$$

$$\delta_{AB} = \left(\frac{Fl}{EA}\right)_{AB} = \frac{15000 \times 80}{2 \times 10^6 \times 3} = 0.20\, cm \quad \text{(신장)}$$

$$\delta_{BC} = \left(\frac{Fl}{EA}\right)_{BC} = \frac{8000 \times 200}{2 \times 10^6 \times 3} = 0.27\, cm \quad \text{(신장)}$$

$$\delta_{CD} = \delta_{AB} = 0.20\, cm \quad \text{(신장)}$$

$$\delta_t = \delta_{AB} + \delta_{BC} + \delta_{CD} = 0.67\, cm \quad \text{(신장)}$$

문5-4

$$A = 4^2 = 16\, mm^2\ , \quad E = 210\, GPa = 210000\, MPa = 210000\, N/mm^2$$

내력을 먼저 구하면

$$\Sigma X = -10 - 5 + 9 + F_{CD} = 0$$

$$F_{AB} = 10\, kN \ \text{(인장)}, \quad F_{BC} = 15\, kN \ \text{(인장)}, \quad F_{CD} = 6\, kN \ \text{(인장)},$$

$$\delta_{AB} = \left(\frac{Fl}{EA}\right)_{AB} = \frac{10000 \times 700}{210000 \times 16} = 2.08\, mm \quad \text{(신장)}$$

$$\delta_{BC} = \left(\frac{Fl}{EA}\right)_{BC} = \frac{15000 \times 600}{21000 \times 16} = 2.68\, mm \quad \text{(신장)}$$

$$\delta_{CD} = \left(\frac{Fl}{EA}\right)_{CD} = \frac{6000 \times 500}{21000 \times 16} = 0.89\, mm \quad \text{(신장)}$$

$$\delta_t = \delta_{AB} + \delta_{BC} + \delta_{CD} = 5.65\, mm \quad \text{(신장)}$$

문5-5

구간별 내력은 $F_1 = R_A$ (인장), $F_2 = R_B$ (압축)

구간별 변형량은 $\delta_1 = \dfrac{R_A l_1}{EA_1}$, $\delta_2 = -\dfrac{R_B l_2}{EA_2}$

전체 길이의 변화는 없으므로

$$\delta_1 + \delta_2 = 0 \ \Rightarrow\ \frac{R_A l_1}{EA_1} = \frac{R_B l_2}{EA_2}$$

$$R_A = R_B \frac{l_2}{l_1} \frac{A_1}{A_2}$$

$$\Sigma X = -R_A - R_B + P = 0$$

$$R_A + R_B = P \ , \quad R_B \frac{l_2}{l_1} \frac{A_1}{A_2} + R_B = P$$

$$\frac{A_1}{A_2} = \frac{d_1^{\ 2}}{d_2^{\ 2}} = 0.69 \ , \quad \frac{l_2}{l_1} = 1.15$$

$$R_B = \frac{P}{1 + \frac{l_2}{l_1} \frac{A_1}{A_2}} = \frac{5000}{1 + 1.15 \times 0.69} = 2780 \, N \quad \text{(left)}$$

$$R_A = P - R_B = 2220 \, N \quad \text{(left)}$$

문5-6

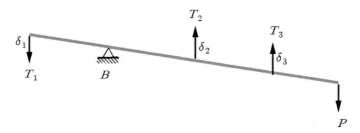

수평 부재가 강체이므로 굽힘변형이 발생하지 않기 때문에 직선을 유지한다. 따라서 각 위치에서의 케이블의 변형량은 $\delta_1 = \delta_2$, $\delta_3 = 2\delta_2$

모든 케이블의 길이가 같으므로 위와 같은 변형량을 발생시킬 케이블의 장력은

$$T_1 = T_2 \ , \quad T_3 = 2T_2$$

지지점에 대한 모멘트 평형조건을 적용하면

$$\Sigma M_B = T_1 a + T_2 a + T_3 \times 2a - P \times 3a = 0$$

$$T_1 = \frac{P}{2} = T_2 \ , \quad T_3 = P$$

문5-7

열팽창에 의한 변형량, $\delta_T = l\alpha(T_2 - T_1)$

양단이 고정되었으므로 부재는 압축하중을 받게 되며, 이로 인한 수축량은 $\delta_c = \dfrac{Rl}{EA}$

전체 길이의 변화량은 없으므로 $\delta_T = \delta_c$

$$R = EA\alpha(T_2 - T_1) \quad \text{(압축)}$$

$$A = \frac{\pi \times 2^2}{4} = \pi \, cm^2 \text{ 이므로}$$

$$R = 2.1 \times 10^6 \times \pi \times 1.12 \times 10^{-5} \times (80 - 20) = 4433 \, kg \text{ (압축)}$$

$$\sigma = \frac{R}{A} = 1411 \, kg/cm^2$$

문5-8

$$\sigma_l = \frac{pr}{2t} = \frac{10 \times 25}{2 \times 1.2} = 104 \, kg/cm^2$$

$$\sigma_c = \frac{pr}{t} = 208 \, kg/cm^2$$

문5-9

$$\sigma_l = \frac{\Delta pr}{2t} = \frac{8 \times 60}{2 \times 0.05} = 4800 \, psi$$

$$\sigma_c = \frac{\Delta pr}{t} = 9600 \, psi$$

문5-10

$$U = \frac{P\delta}{2} = \frac{P^2 l}{2EA} = \frac{EA\delta^2}{2l} = \frac{2.1 \times 10^6 \times 3 \times 0.4^2}{2 \times 200} = 2520 \, kg \, cm$$

문5-11

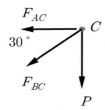

절점 C에서

$$\Sigma X = -F_{AC} - F_{BC}\cos 30 = 0$$

$$\Sigma Y = -F_{BC}\sin 30 - P = 0$$

$$F_{BC} = -\frac{P}{\sin 30} = -2P \, , \ \ F_{AC} = \sqrt{3} \, P$$

각 부재의 길이는 $l_{AC} = \sqrt{3}\,h$, $l_{BC} = 2h$ 이고, 각 부재에 저장된 변형에너지는

$$U_{AC} = \frac{F_{AC}{}^2 l_{AC}}{2EA} = \frac{3P^2 \times \sqrt{3}\,h}{2EA} = \frac{3\sqrt{3}\,P^2 h}{2EA}$$

$$U_{BC} = \frac{F_{BC}{}^2 l_{BC}}{2EA} = \frac{4P^2 \times 2h}{2EA} = \frac{4P^2 h}{EA}$$

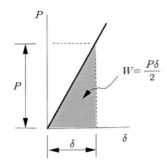

외력 P 가 한 일은 $W = \dfrac{1}{2}P\delta$ 이고, 에너지 보존에 의해 이 일은 부재 내부의 변형에너지로

저장되므로 $W = U_{AC} + U_{BC}$ 이다.

$$\frac{P\delta}{2} = \frac{P^2 h}{EA}\left(\frac{3\sqrt{3}}{2} + 4\right)$$

$$\delta = (3\sqrt{3} + 8)\frac{Ph}{EA}$$

문5-12

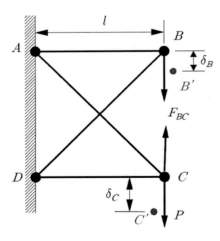

본 문제는 부정정구조물이고 부재 BC는 인장하중을 받게 되므로 부재 BC를 제거한 상태에서 그림과 같이 절점 B와 C에 F_{BC} 하중을 부가한 것으로 대체하여 해석하기로 한다. 절점 B와 C는 하중 P 로 인해 그림과 같이 이동하므로 수직방향 변위를 각각 δ_B, δ_C 라 하면 부재 BC의 변위는

$$\delta_{BC} = \delta_C - \delta_B = \frac{F_{BC}l}{EA} \qquad (F_{BC}\text{ 는 인장})$$

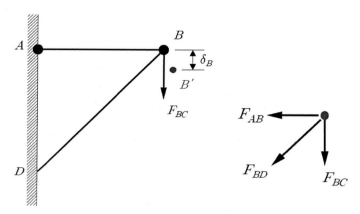

B점에서의 수직방향 변위를 구하기 위해 그림과 같이 부재 AB와 부재 BD로 이루어진 트러스에 하중 F_{BC} 가 부가된 경우에 대해 생각해 보기로 한다.

그림의 절점 B에서

$$F_{AB} = F_{BC} \quad (T) \ , \qquad F_{BD} = -\sqrt{2}\,F_{BC} \quad (C)$$

하중 F_{BC} 로 인해 트러스에 발생한 스트레인에너지는 하중 F_{BC} 가 한 일과 같으므로

$$U = U_{AB} + U_{BD} = \frac{F_{BC}\delta_B}{2}$$

$$\frac{F_{AB}^{\;2}l}{2EA} + \frac{F_{BD}^{\;2}(\sqrt{2}\,l)}{2EA} = \frac{F_{BC}\delta_B}{2}$$

정리하면

$$\delta_B = (1 + 2\sqrt{2})\frac{F_{BC}l}{EA}$$

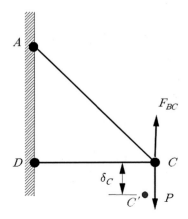

그림과 같이 부재 AC와 부재 CD로 이루어진 트러스에 하중 P 와 하중 F_{BC} 를 부가하였을 때, 절점 C에 부가된 외력을 F_C 라 하면

$$F_C = P - F_{BC}$$

앞의 트러스와 마찬가지로 절점 C의 수직방향 변위는

$$\delta_C = (1 + 2\sqrt{2})\frac{(P - F_{BC})l}{EA}$$

$$\delta_C - \delta_B = \frac{(1 + 2\sqrt{2})(P - F_{BC})l}{EA} - \frac{(1 + 2\sqrt{2})F_{BC}l}{EA} = \frac{F_{BC}l}{EA}$$

정리하면

$$F_{BC} = \frac{1 + 2\sqrt{2}}{3 + 4\sqrt{2}}P = 0.442P$$

$$F_C = P - F_{BC} = 0.558P$$

$$\delta_C = (1 + 2\sqrt{2})\frac{(P - F_{BC})l}{EA} = 2.14\frac{Pl}{EA}$$

Chapter

문6-1

$$J = \frac{\pi D^4}{32} = \frac{\pi \times 2^4}{32} = 1.57 \, in^4$$

$$\tau_{max} = \frac{Tr}{J} = \frac{16000 \times 1}{1.57} = 10.2 \, ksi$$

문6-2

$$\tau_a = 220 \, MPa = 220 \, N/mm^2 \, , \quad \tau_a = \frac{T \dfrac{D_o}{2}}{J} \quad \text{이므로}$$

$$J = \frac{\pi \left(D_o^{\,4} - D_i^{\,4}\right)}{32} = \frac{T \dfrac{D_o}{2}}{\tau_a} = \frac{15000 \times 10/2}{220} = 341 \, mm^4$$

$$D_i^{\,4} = D_o^{\,4} - \frac{32}{\pi} \times 341 = 6527 \, mm^4$$

$$D_i = 9.0 \, mm$$

문6-3

$$T_{max} = ql \, , \quad J = \frac{\pi d^4}{32}$$

$$\tau_{max} = \frac{Tr}{J} = \frac{qld/2}{\pi d^4/32} = \frac{16ql}{\pi d^3}$$

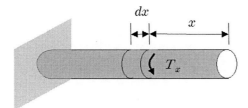

$T_x = qx$ 이고 dx 구간의 비틀림각을 $d\phi$ 라면, $d\phi = \dfrac{T_x dx}{GJ}$ 이므로

$$\phi = \int_0^l d\phi = \frac{1}{GJ} \int_0^l qx \, dx = \frac{ql^2}{2GJ} = \frac{16ql^2}{\pi d^4 G}$$

문6-4

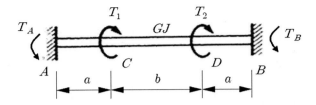

비틀림에 대한 평형조건을 적용하면

$\Sigma T = T_A - T_1 - T_2 + T_B = 0$

$T_A + T_B = T_1 + T_2$

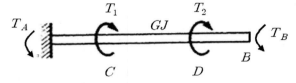

그림과 같이 B 지점에 잉여반력을 가하고 비틀림각을 구했을 때, B 지점에서의 비틀림각은 $\phi_B = 0$ 이어야 한다. 구간별 내력을 구하고(반시계 방향을 +로 가정), 구간별 비틀림각을 구하면

$$T_{DB} = T_B , \quad T_{CD} = T_B - T_2 , \quad T_{AC} = T_B - T_1 - T_2$$

$$\phi_{DB} = \frac{T_{DB} l_{DB}}{GJ} = \frac{a T_B}{GJ}$$

$$\phi_{CD} = \frac{T_{CD} l_{CD}}{GJ} = \frac{b(T_B - T_2)}{GJ}$$

$$\phi_{AC} = \frac{T_{AC} l_{AC}}{GJ} = \frac{a(T_B - T_1 - T_2)}{GJ}$$

$\phi_B = \phi_{AC} + \phi_{CD} + \phi_{DB} = 0$ 이므로

$$a T_B + b(T_B - T_2) + a(T_B - T_1 - T_2) = 0$$

$$(2a + b) T_B - a T_1 - (a + b) T_2 = 0$$

$$T_B = \frac{a}{2a + b} T_1 + \frac{a + b}{2a + b} T_2$$

$$T_A = \frac{a + b}{2a + b} T_1 + \frac{a}{2a + b} T_2$$

문6-5

$A_m \simeq ab, \ f = \dfrac{T}{2A_m} = \dfrac{T}{2ab}$ 이므로

$\tau = \dfrac{f}{t} = \dfrac{T}{2abt}$

07
Chapter

문7-1

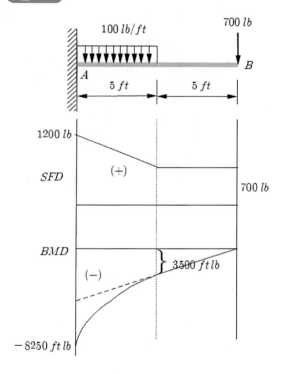

$V_A = 700 + 500 = 1200 \, lb$

$M_A = -700 \times 10 - 500 \times 2.5 = -8250 \, ft \, lb$

문7-2

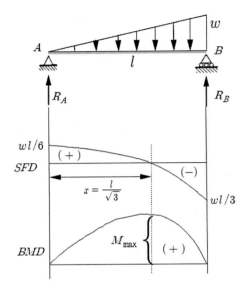

$$R_A + R_B = \frac{wl}{2}$$

$$\Sigma M_A = -\frac{wl}{2} \times \frac{2l}{3} + R_B l = 0$$

$$R_A = \frac{wl}{6} \ , \ \ R_B = \frac{wl}{3}$$

굽힘모멘트가 최대인 지점에서 전단력은 0이므로

$$V_x = \frac{wl}{6} - \frac{wx^2}{2l} = 0$$

$$x = \frac{l}{\sqrt{3}}$$

$$M_{\max} = \frac{wl}{6} \times \frac{l}{\sqrt{3}} - \frac{1}{2}\left(\frac{w}{\sqrt{3}} \ \frac{l}{\sqrt{3}}\right)\left(\frac{1}{3} \ \frac{l}{\sqrt{3}}\right) = \frac{wl^2}{9\sqrt{3}}$$

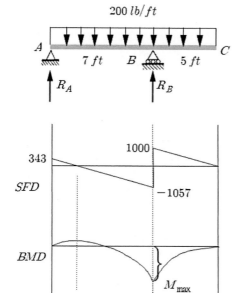

지지점에서의 반력을 구하면

$$\Sigma Y = R_A + R_B = 200 \times 12 = 2400\,lb$$

$$\Sigma M_A = -2400 \times 6 + 7R_B = 0$$

$$R_A = 343\,lb\,, \quad R_B = 2057\,lb$$

전단력이 0인 B 지점에 발생한 최대 굽힘모멘트는

$$M_{max} = 7R_A - 1400 \times 3.5 = 7 \times 343 - 1400 \times 3.5 = -2500\,ft\,lb$$

문7-4

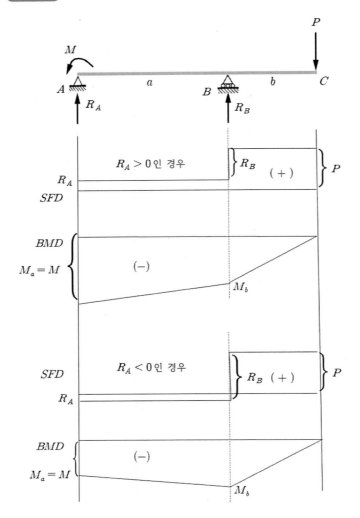

$$\Sigma Y = R_A + R_B - P = 0$$

$$\Sigma M_A = M + R_B a - P(a+b) = 0$$

$$R_B = -\frac{M}{a} + \frac{a+b}{a}P, \quad R_A = \frac{M}{a} - \frac{b}{a}P$$

$$M_a = -M, \quad M_b = M_a + R_A a = -M + R_A a = -bP$$

$R_A \geq 0$ 이면, 최대 굽힘모멘트는 A 지지점에서 발생하고 그 크기는 $M_{\max} = |M_a| = M$
이다.

$R_A < 0$ 이면, 최대 굽힘모멘트는 B 지지점에서 발생하고 그 크기는 $M_{\max} = |M_b| = bP$
이다.

문7-5

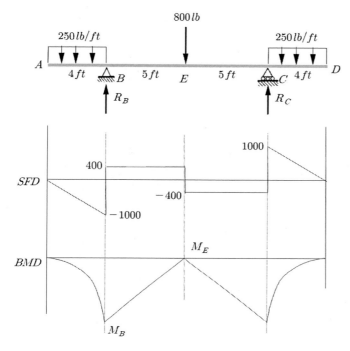

$R_B = R_C = 1400\,lb$

$M_B = -1000 \times 2 = -2000\,ft\,lb$

$M_E = \dfrac{-1000 \times 4}{2} + 400 \times 5 = 0$

O8
Chapter

문8-1

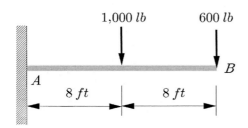

$M_{\max} = M_A = 1000 \times 8 + 600 \times 16 = 17600\,ft\,lb = 211200\,in\,lb$

$$I = \frac{\pi D^4}{64} = 30.7 \, in^4$$

$$\sigma_{max} = \frac{Mc}{I} = \frac{211200 \times 2.5}{30.7} = 17.2 \, ksi$$

문8-2

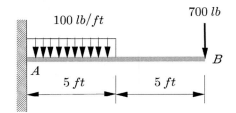

$$V_{max} = V_A = 100 \times 5 + 700 = 1200 \, lb$$

$$M_{max} = M_A = 500 \times 2.5 + 700 \times 10 = 8250 \, ft \, lb = 99000 \, in \, lb$$

$$I = \frac{bh^3}{12} = \frac{3 \times 5^3}{12} = 31.25 \, in^4 \, , \quad Q = 3 \times 2.5 \times \frac{2.5}{2} = 9.375 \, in^3$$

$$\tau_{max} = \frac{VQ}{bI} = \frac{1200 \times 9.375}{3 \times 31.25} = 120 \, ps \, i$$

$$\sigma_{max} = \frac{Mc}{I} = \frac{99000 \times 2.5}{31.25} = 7920 \, ps \, i$$

문8-3

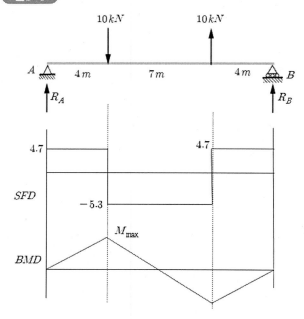

$$\Sigma Y = R_A - 10 + 10 + R_B = 0$$

$$\Sigma M_A = -10 \times 4 + 10 \times 11 + R_B \times 15 = 0$$

$$R_B = -4.7\,kN \quad (\text{down}), \qquad R_A = 4.7\,kN \quad (\text{up})$$

$$V_{max} = 5.3\,kN$$

$$M_{max} = 4.7 \times 4 = 18.8\,kNm = 18.8 \times 10^6\,Nmm$$

$$I = \frac{\pi D^4}{64} = 4.91 \times 10^6\,mm^4$$

$$\sigma_{max} = \frac{Mc}{I} = \frac{18.8 \times 10^6 \times 50}{4.91 \times 10^6} = 191\,N/mm^2 = 191\,MPa$$

문8-4

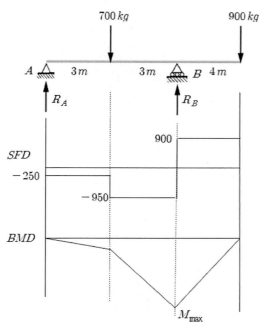

$$I = \frac{50 \times 150^3}{12} = 14.1 \times 10^6\,mm^4, \quad Q = 50 \times 75 \times \frac{75}{2} = 141 \times 10^3\,mm^3$$

$$\Sigma Y = R_A + R_B - 700 - 900 = 0$$

$$\Sigma M_A = -700 \times 3 + R_B \times 6 - 900 \times 10 = 0$$

$$R_B = 1850\,kg, \quad R_A = -250\,kg$$

$$V_{max} = 950\,kg$$

$$M_{max} = 250 \times 3 + 950 \times 3 = 3600\,kg\,m = 3.6 \times 10^6\,kg\,mm$$

$$\tau_{\max} = \frac{VQ}{bI} = \frac{950 \times 141 \times 10^3}{50 \times 14.1 \times 10^6} = 0.19 \, kg/mm^2$$

$$\sigma_{\max} = \frac{Mc}{I} = \frac{3.6 \times 10^6 \times 75}{14.1 \times 10^6} = 19.1 \, kg/mm^2$$

문8-5

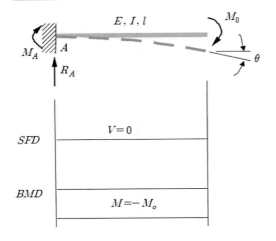

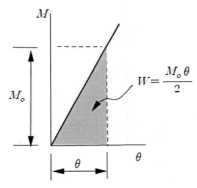

평형조건을 적용하여 고정단에서의 반력을 구하면

$$R_A = 0 , \quad M_A = -M_o$$

그림과 같이 보 전체에 걸쳐 전단력은 $V = 0$,
굽힘모멘트는 $M = -M_o$
굽힘모멘트로 인한 처짐각은

$$\theta = \frac{M_o l}{EI}$$

M_o 가 한 일은 $W = \dfrac{M_o \theta}{2} = \dfrac{M_o{}^2 l}{2EI}$

에너지 보존에 의해 이 일은 보 내부에 변형에너지로 저장되므로

$U = W = \dfrac{M_o{}^2 l}{2EI}$

Chapter

문9-1

1) $\sigma_x = 20\,ksi,\ \ \sigma_y = -10\,ksi,\ \ \tau_{xy} = 30\,ksi,\ \ \theta = 20\,°$

$\begin{aligned}
\sigma_{x_1} &= \frac{\sigma_x + \sigma_y}{2} + \frac{\sigma_x - \sigma_y}{2}\cos2\theta + \tau_{xy}\sin2\theta \\
&= 5 + 15\cos40 + 30\sin40 = 35.8\,ksi
\end{aligned}$

$\begin{aligned}
\sigma_{y_1} &= \frac{\sigma_x + \sigma_y}{2} - \frac{\sigma_x - \sigma_y}{2}\cos2\theta - \tau_{xy}\sin2\theta \\
&= 5 - 15\cos40 - 30\sin40 = -25.8\,ksi
\end{aligned}$

$\begin{aligned}
\tau_{x_1y_1} &= -\frac{\sigma_x - \sigma_y}{2}\sin2\theta + \tau_{xy}\cos2\theta \\
&= -15\sin40 + 30\cos40 = 13.4\,ksi
\end{aligned}$

2) $\sigma_x = 20\,ksi,\ \ \sigma_y = -35\,ksi,\ \ \tau_{xy} = -15\,ksi,\ \ \theta = 50\,°$

$\begin{aligned}
\sigma_{x_1} &= \frac{\sigma_x + \sigma_y}{2} + \frac{\sigma_x - \sigma_y}{2}\cos2\theta + \tau_{xy}\sin2\theta \\
&= -7.5 + 27.5\cos100 - 15\sin100 = -27.0\,ksi
\end{aligned}$

$\begin{aligned}
\sigma_{y_1} &= \frac{\sigma_x + \sigma_y}{2} - \frac{\sigma_x - \sigma_y}{2}\cos2\theta - \tau_{xy}\sin2\theta \\
&= -7.5 - 27.5\cos100 + 15\sin100 = 12.0\,ksi
\end{aligned}$

$\begin{aligned}
\tau_{x_1y_1} &= -\frac{\sigma_x - \sigma_y}{2}\sin2\theta + \tau_{xy}\cos2\theta \\
&= -27.5\sin100 - 15\cos100 = -24.5\,ksi
\end{aligned}$

문9-2

1) $\sigma_x = 20\,ksi,\ \ \sigma_y = -10\,ksi,\ \ \tau_{xy} = 30\,ksi,\ \ \theta = 20\,°$

$\begin{aligned}
\sigma_1 &= \frac{\sigma_x + \sigma_y}{2} + \sqrt{\left(\frac{\sigma_x - \sigma_y}{2}\right)^2 + \tau_{xy}{}^2} \\
&= 5 + \sqrt{15^2 + 30^2} = 38.5\,ksi
\end{aligned}$

$$\sigma_2 = \frac{\sigma_x + \sigma_y}{2} - \sqrt{\left(\frac{\sigma_x - \sigma_y}{2}\right)^2 + \tau_{xy}^2}$$
$$= 5 - \sqrt{15^2 + 30^2} = -28.5\,ksi$$

2) $\sigma_x = 20\,ksi,\ \ \sigma_y = -35\,ksi,\ \ \tau_{xy} = -15\,ksi,\ \ \theta = 50°$

$$\sigma_1 = \frac{\sigma_x + \sigma_y}{2} + \sqrt{\left(\frac{\sigma_x - \sigma_y}{2}\right)^2 + \tau_{xy}^2}$$
$$= -7.5 + \sqrt{27.5^2 + 15^2} = 23.8\,ksi$$

$$\sigma_2 = \frac{\sigma_x + \sigma_y}{2} - \sqrt{\left(\frac{\sigma_x - \sigma_y}{2}\right)^2 + \tau_{xy}^2}$$
$$= -7.5 - \sqrt{27.5^2 + 15^2} = -38.8\,ksi$$

문9-3

1)

열변형률은 $\ \ \epsilon = \alpha \Delta T = 12 \times 10^{-6} \times (120 - 20) = 12 \times 10^{-4}$

열변형률과 같은 크기의 압축변형률이 발생하므로 $\epsilon_c = -12 \times 10^{-4}$

따라서 응력의 크기는

$\sigma_x = E\epsilon_c = 210000 \times (-12 \times 10^{-4}) = -252\,MPa$ (압축)

2)

$\sigma_x = -252\,MPa,\ \ \sigma_y = 0,\ \ \tau_{xy} = 0,\ \ \theta = 45°$ 일 때 응력은

$$\sigma_{x_1} = \frac{\sigma_x + \sigma_y}{2} + \frac{\sigma_x - \sigma_y}{2}\cos2\theta + \tau_{xy}\sin2\theta$$
$$= -126 - 126\cos90 = -126\,MPa$$

$$\sigma_{y_1} = \frac{\sigma_x + \sigma_y}{2} - \frac{\sigma_x - \sigma_y}{2}\cos2\theta - \tau_{xy}\sin2\theta$$
$$= -126 + 126\cos90 = -126\,MPa$$

$$\tau_{x_1y_1} = -\frac{\sigma_x - \sigma_y}{2}\sin2\theta + \tau_{xy}\cos2\theta$$
$$= 126\sin90 = 126\,MPa$$

Chapter

문10-1

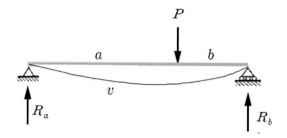

$$R_a = \frac{b}{l}P, \quad R_a = \frac{a}{l}P$$

$(0 < x < a)$ 구간에서 $M_x = R_a x = \frac{bP}{l}x$ 이므로 식 10-3)을 적용하면

$$EIv'' = -M = -\frac{Pb}{l}x \qquad \cdots ①$$

$$EIv' = -\frac{Pb}{2l}x^2 + C_1 \qquad \cdots ②$$

$$EIv = -\frac{Pb}{6l}x^3 + C_1 x + C_2 \qquad \cdots ③$$

$(a < x < l)$ 구간에서 $M_x = R_a x - P(x-a) = \frac{Pb}{l}x - P(x-a)$이므로 식 10-3)을 적용하면

$$EIv'' = -\frac{Pb}{l}x + P(x-a) \qquad \cdots ④$$

$$EIv' = -\frac{Pb}{2l}x^2 + \frac{P}{2}(x-a)^2 + C_3 \qquad \cdots ⑤$$

$$EIv = -\frac{Pb}{6l}x^3 + \frac{P}{6}(x-a)^3 + C_3 x + C_4 \qquad \cdots ⑥$$

적분 상수 C_1, C_2, C_3, C_4 를 결정하기 위혜 다음 조건을 적용한다.

i) 식 ③에서 $x = 0$ 일 때, $v = 0$ 이므로 $C_2 = 0$

ii) 식 ⑥에서 $x = l$ 일 때, $v = 0$ 이므로

$$-\frac{Pbl^3}{6l} + \frac{P(l-a)^3}{6} + C_3 l + C_4 = 0 \qquad \cdots ⑦$$

iii) 식 ②에서 $x = a$ 일 때 v' 와 식 ⑤에서 $x = a$ 인 곳의 v' 가 동일므로

식 ②에서 $x = a$ 일 때 $EIv' = -\frac{Pba^2}{2l} + C_1$ 이고

식 ⑤에서 $x = a$ 일 때 $EIv' = -\dfrac{Pba^2}{2l} + C_3$ 이므로 $C_1 = C_3$

iv) 식 ③에서 $x = a$ 일 때 v 와 식 ⑥에서 $x = a$ 인 곳의 v 가 동일하므로

식 ③에서 $x = a$ 일 때 $EIv = -\dfrac{Pba^3}{6l} + C_1 a$ 이고

식 ⑥에서 $x = a$ 일 때 $EIv = -\dfrac{Pba^3}{6l} + C_3 a + C_4$ 이므로 $C_4 = 0$

식 ⑦로부터 $C_3 = \dfrac{Pbl}{6} - \dfrac{P(l-a)^3}{6l}$ 이므로

$$EIv = -\frac{Pb}{6l}x^3 + \left\{ \frac{Pbl}{6} - \frac{P(l-a)^3}{6l} \right\}x \qquad (0 < x < a) \qquad \cdots \ ⑧$$

$$EIv = -\frac{Pb}{6l}x^3 + \frac{P}{6}(x-a)^3 + \left\{ \frac{Pbl}{6} - \frac{P(l-a)^3}{6l} \right\}x \qquad (a < x < l) \qquad \cdots \ ⑨$$

$x = a$ 인 곳에서의 처짐량은 식 ⑧로부터

$$EIv = -\frac{Pba^3}{6l} + \left\{ \frac{Pbl}{6} - \frac{P(l-a)^3}{6l} \right\}a = \frac{Pa^2b^2}{3l}$$

$$v = \frac{Pa^2b^2}{3EIl}$$

문10-2

문 10-1) 풀이 과정에서 $x = a$ 인 곳에 집중하중 P 를 기했을 때 처짐곡선식 ⑧을 적용하면

$$EIv = -\frac{Pb}{6l}x^3 + \left\{ \frac{Pbl}{6} - \frac{P(l-a)^3}{6l} \right\}x$$

$$= \frac{Pbx}{6l}(-x^2 + l^2 - b^2)$$

최대 처짐은 $x = \dfrac{l}{2}$, 즉, 중앙에서 발생하므로 개별하중 P 에 의한 중앙에서의 처짐량의 2배가 본 문제의 최대 처짐량이다.

위 식에서 $b \rightarrow a$, $a \rightarrow (l-a)$ 로 대체하고, $x = \dfrac{l}{2}$ 대입하면

$$EIv = \frac{Pbx}{6l}(l^2 - b^2 - x^2) = \frac{Pa}{6l}\frac{l}{2}\left(l^2 - a^2 - \frac{l^2}{4}\right)$$

$$= \frac{Pa}{12}\left(\frac{3}{4}l^2 - a^2\right)$$

$$v_{\max} = 2 \times \frac{Pa}{12EI}\left(\frac{3}{4}l^2 - a^2\right) = \frac{a(3l^2 - 4a^2)}{24EI}P$$

문10-3

반력은 $R_a = \dfrac{M_o}{l}$, $R_b = \dfrac{M_o}{l}$ 이고, 굽힘모멘트는 $M_x = M_o - \dfrac{M_o}{l}x$ 이므로

굽힘모멘트의 면적은 $A = \dfrac{M_o l}{2}$ 이다.

모멘트면적법 제1정리를 적용하면, 전체 보에서 EI는 일정한 값을 가지므로

$EI\theta =$ [AB 사이 굽힘모멘트 면적]이므로

$$\theta = \theta_a + \theta_b = \frac{M_o l}{2EI}$$

모멘트면적법 제2정리를 적용하면, 전체 보에서 EI는 일정한 값을 가지므로

$EI\Delta_b =$ [AB 사이 굽힘모멘트 면적의 B점에 대한 1차모멘트]이므로

$$EI\Delta_b = \frac{M_o l}{2}\frac{2}{3}l = \frac{M_o l^2}{3}$$

그림에서 $\Delta_b = l\theta_a$ 이므로

$$\theta_a = \frac{\Delta_b}{l} = \frac{M_o l}{3EI}$$

$EI\Delta_a =$ [AB 사이 굽힘모멘트 면적의 A점에 대한 1차모멘트]이므로

$$EI\Delta_a = \frac{M_o l}{2} \frac{l}{3} = \frac{M_o l^2}{6}$$

그림에서 $\Delta_a = l\theta_b$ 이므로

$$\theta_b = \frac{\Delta_a}{l} = \frac{M_o l}{6EI}$$

문10-4

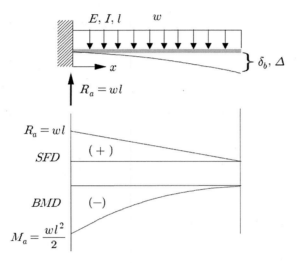

반력은 $R_a = wl$, $M_a = -\dfrac{wl^2}{2}$ 이므로 굽힘모멘트는

$$M_x = -\frac{wl^2}{2} + wlx - \frac{wx^2}{2}$$

모멘트면적법 제2정리를 적용하면

$$EI\Delta = \int_0^l (l-x)(-\frac{wl^2}{2} + wlx - \frac{wx^2}{2})dx = -\frac{wl^4}{8}$$

$$\delta_b = -\Delta = \frac{wl^4}{8EI}$$

위 식에서 (-)를 취한 것은 처짐곡선에서 자유단 지점이 고정단에서 그은 접선의 하부에 위치하기 때문이다.

문10-5

문 10-3 결과를 중첩하여 적용하면

$$\theta = \frac{Ml}{3EI} + \frac{Ml}{6EI} = \frac{Ml}{2EI}$$

문10-6

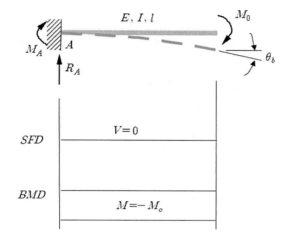

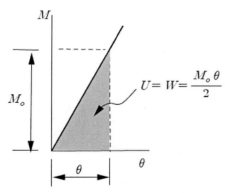

$M_x = - M_o$ 로 일정

모멘트면적법 제1정리를 적용하면

$$EI\theta = - M_o l$$

$$\theta_b = - \theta = \frac{M_o l}{EI}$$

위에서 (-) 부호를 취한 것은 B 점에서의 접선이 A 점의 접선을 기준으로 시계방향으로 회전함에 따른 것이다.

$$U = W = \frac{M_o \theta}{2} = \frac{M_o{}^2 l}{2EI}$$

문11-1

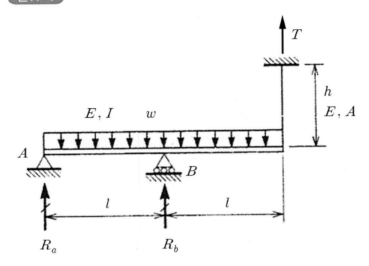

원 구조물은 그림과 같이 분포하중을 받는 경우와 보의 중앙에 집중하중을 가하는 경우를
중첩한 것과 같다.

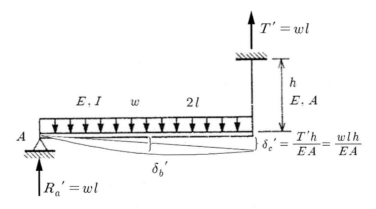

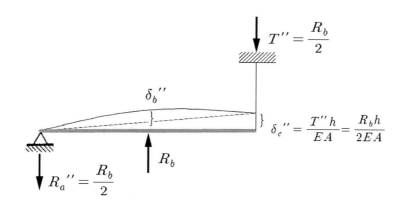

각 경우에 대한 A 지점의 반력은 그림과 같고 장력은 분포하중의 경우 인장, 집중하중의 경우 압축을 받게 되어 C 지점에서의 처짐량이 발생한다.

길이가 l 인 단순지지보가 분포하중을 받는 경우 중앙에서의 처짐량은 $\delta_w = \dfrac{5wl^4}{384EI}$ 이고,

단순지지보가 집중하중을 받는 경우 중앙부 처짐량은 $\delta_P = \dfrac{Pl^3}{48EI}$ 이므로, 이를 그림과 같은 구조물에 적용하면

$$R_a' = wl, \quad T' = wl \text{ (인장)}, \quad R_a'' = \frac{R_b}{2}, \quad T'' = \frac{R_b}{2} \text{ (압축)}$$

$$\delta_c' = \frac{T'h}{EA} = \frac{wlh}{EA} \text{ (신장)}, \quad \delta_c'' = \frac{T''h}{EA} = \frac{R_b h}{2EA} \text{ (수축)}$$

$$\delta_b' = \frac{1}{2}\delta_c' + \frac{5w(2l)^4}{384EI} = \frac{wlh}{2EA} + \frac{5wl^4}{24EI}$$

$$\delta_b'' = \frac{1}{2}\delta_c'' + \frac{R_b(2l)^3}{48EI} = \frac{R_b h}{4EA} + \frac{R_b l^3}{6EI}$$

지지점 B에서의 처짐량이 없으므로 $\delta_b = \delta_b' - \delta_b'' = 0$ 을 적용하면 $\delta_b' = \delta_b''$ 이므로

$$\frac{wlh}{2EA} + \frac{5wl^4}{24EI} = \frac{R_b h}{4EA} + \frac{R_b l^3}{6EI}$$

$$\frac{12wlh}{A} + \frac{5wl^4}{I} = \left(\frac{6h}{A} + \frac{4l^3}{I}\right)R_b$$

$$12wlhI + 5wl^4 A = (6hI + 4l^3 A)R_b$$

C 지점에서의 장력은

$$T = T' - T'' = wl - \frac{R_b}{2}$$

$$= wl - \frac{12wlhI + 5wl^4A}{2(6hI + 4l^3A)}$$

$$= \frac{3wl^4A}{12hI + 8l^3A}$$

문11-2

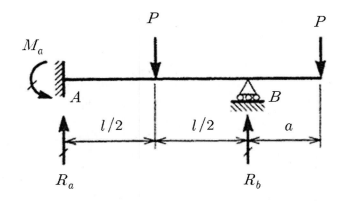

원 구조물은 그림과 같은 외팔보의 C, D 지점에 집중하중 P 와 B 지점에서 집중하중 R_B 를 받는 3가지 경우가 합해진 것과 같다. 길이 l 인 외팔보의 자유단에 집중하중이 가해졌을 때 자유단의 처짐량과 처짐각은 $\delta = \dfrac{Pl^3}{3EI}$, $\theta = \dfrac{Pl^2}{2EI}$ 이므로 이를 적용하기로 한다.

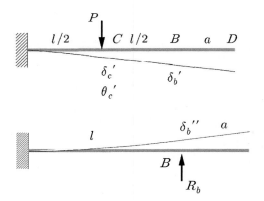

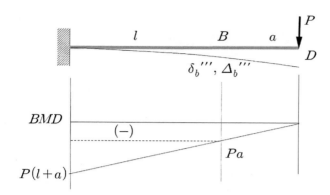

C 지점에 집중하중 P 를 받는 경우 C 지점의 처짐량과 B, C, D 지점의 처짐각은

$$\delta_c{}' = \frac{P(\frac{l}{2})^3}{3EI} = \frac{Pl^3}{24EI}$$

$$\theta_c{}' = \frac{P(\frac{l}{2})^2}{2EI} = \frac{Pl^2}{8EI} = \theta_b{}' = \theta_d{}'$$

$$\delta_b{}' = \delta_c{}' + \theta_c{}' \times \frac{l}{2} = \frac{Pl^3}{24EI} + \frac{Pl^2}{8EI}\frac{l}{2} = \frac{5Pl^3}{48EI}$$

B 지점에 집중하중 R_b 를 받는 경우 B 지점의 처짐량은

$$\delta_b{}'' = \frac{R_b l^3}{3EI}$$

자유단 D 지점에 집중하중 P 를 받는 경우 B 지점에서의 처짐량을 구하기 위해 모멘트면적법을 적용하면

$$EI\Delta_b{}''' = -Pal \times \frac{l}{2} - Pl \times \frac{l}{2} \times \frac{2}{3}l = -\frac{Pal^2}{2} - \frac{Pl^3}{3}$$

$$\delta_b{}''' = -\Delta_b{}''' = \frac{Pl^2}{6EI}(3a + 2l)$$

위 식에서 (-) 부호는 처짐곡선의 B 지점의 위치가 고정단에서 그은 접선의 하부에 위치하기 때문이다.

원 구조물의 B 지점에서는 처짐량이 없으므로

$$\delta_b = \delta_b{}' - \delta_b{}'' + \delta_b{}''' = \frac{5Pl^3}{48EI} - \frac{R_b l^3}{3EI} + \frac{Pl^2}{6EI}(3a + 2l) = 0$$

식을 정리하면

$$R_b = \frac{1}{l}\left\{\frac{5}{16}Pl + \frac{P}{2}(3a+2l)\right\} = \frac{3P}{16l}(7l+8a)$$

원 구조물의 반력에 대한 평형조건, $R_a + R_b - 2P = 0$ 으로부터

$$R_a = \frac{P}{16l}(11l - 24a)$$

A 지지점에 대한 모멘트 평형조건으로부터

$$M_a - \frac{Pl}{2} + R_b l - P(l+a) = 0$$

$$M_a = -R_b l + \frac{Pl}{2} + P(l+a) = \frac{P}{16}(3l - 8a)$$

문11-3

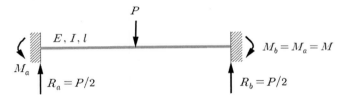

원 구조물은 그림과 같이 집중하중을 받는 단순지지보와 양단에 동일한 굽힘모멘트가 부가된 구조물을 중첩시킨 것과 같다.

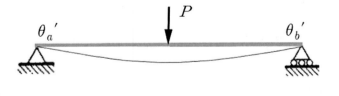

단순지지보의 중앙에 집중하중 P 가 부가되는 경우 양 지지점에서의 처짐각은 표 10-1)로부터

$$\theta_a' = \theta_b' = \frac{Pl^2}{16EI}$$

단순지지보의 양단에 굽힘모멘트 M 이 부가되었을 때 양단의 처짐각은 문 10-5)의 결과로부터

$$\theta_a'' = \theta_b'' = \frac{Ml}{2EI}$$

원 구조물의 양단 고정지지점에서 처짐각은 발생하지 않으므로

$$\theta_a = \theta_b = \theta_a' - \theta_a'' = \frac{Pl^2}{16EI} - \frac{Ml}{2EI} = 0$$

$$M_a = M_b = M = \frac{Pl}{8}$$

두 지점에서의 반력은 $R_a = R_b = \dfrac{P}{2}$ 이므로 보 중앙에서의 굽힘모멘트를 구하면

$$M_c = -\frac{Pl}{8} + \frac{P}{2}\frac{l}{2} = \frac{Pl}{8}$$

보 내부에서의 굽힘모멘트는 보 양단 지지점과 보 중앙에서 최대값을 가지며 그 크기는

$$M_{\max} = \frac{Pl}{8}$$

문11-4

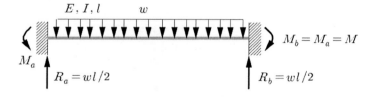

원 구조물은 그림과 같이 분포하중을 받는 단순지지보와 양단에 동일한 굽힘모멘트가 부가된 구조물을 중첩시킨 것과 같다.

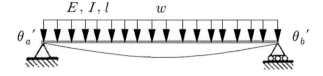

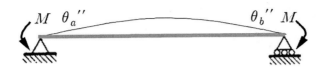

분포하중을 받는 단순지지보의 양단에서의 처짐각은 예제 10-1)로부터

$$\theta_a{'} = \theta_b{'} = \frac{wl^3}{24EI}$$

단순지지보의 양단에 굽힘모멘트 M 이 부가되었을 때 양단의 처짐각은 문 10-5)의 결과로부터

$$\theta_a{''} = \theta_b{''} = \frac{Ml}{2EI}$$

원 구조물의 양단 고정지지점에서 처짐각은 발생하지 않으므로

$$\theta_a = \theta_b = \theta_a{'} - \theta_a{''} = \frac{wl^3}{24EI} - \frac{Ml}{2EI} = 0$$

$$M_a = M_b = M = \frac{wl^2}{12}$$

위 결과를 적용하여 보 중앙에서의 굽힘모멘트를 구하면

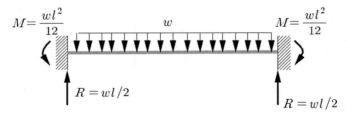

$$M_c = -\frac{wl^2}{12} + \frac{wl}{2}\frac{l}{2} - \frac{wl}{2}\frac{l}{4} = \frac{wl^2}{24}$$

지지점에서의 반력은

$$R_a = R_b = \frac{wl}{2} \ , \ \ M_a = \frac{wl^2}{12} = M_b$$

최대굽힘모멘트는 양단 고정지지점에서 발생하며 크기는

$$M_{max} = \frac{wl^2}{12}$$

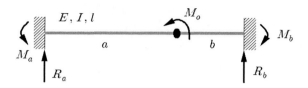

그림과 같이 원 구조물에 발생한 반력을 가정하고 평형조건을 적용하면

$$\Sigma Y = R_a + R_b = 0$$

$$\Sigma M = M_o + M_a - M_b - R_a l = 0$$

원 구조물은 그림과 같은 단순지지보가 굽힘모멘트 M_o 를 받는 경우와 단순지지보의 한쪽 단에 굽힘모멘트 M_a , 다른 끝단에 굽힘모멘트 M_b 를 받는 경우, 세 가지를 중첩한 경우와 같다.

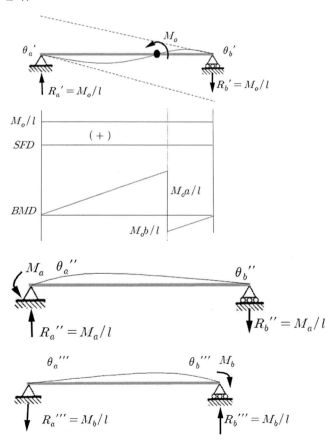

먼저 단순지지보에 굽힘모멘트 M_o 가 부가된 경우, 이로 인한 반력과 전단력선도, 굽힘모멘트 선도는 그림과 같으므로 양단에서의 처짐각을 구하기 위해 모멘트면적법을 적용한다. 또한 $\Delta_a = \theta_b' l$ 이므로

$$EI\Delta_a = \frac{M_o a}{l}\frac{a}{2}\frac{2a}{3} - \frac{M_o b}{l}\frac{b}{2}\left(a + \frac{b}{3}\right)$$

$$\theta_b' = -\frac{\Delta_a}{l} = -\frac{M_o}{6EIl^2}(2a^3 - 3ab^2 - b^3)$$

여기서 (-) 부호는 처짐곡선의 A 점이 B 지점에서 그은 접선의 하부에 위치하기 때문이다. $a + b = l$, $b = l - a$ 를 적용하여 정리하면

$$\theta_b' = \frac{M_o}{6EIl}(l^2 - 3a^2)$$

$$EI\Delta_b = \frac{M_o a}{l}\frac{a}{2}\left(\frac{a}{3} + b\right) - \frac{M_o b}{l}\frac{b}{2}\frac{2b}{3} = EI\theta_a' l$$

$$\theta_a' = \frac{M_o}{6EIl^2}(a^3 + 3a^2 b - 2b^3)$$

$a + b = l$, $b = l - a$ 를 적용하여 정리하면

$$\theta_a' = \frac{M_o}{6EIl}(6al - 3a^2 - 2l^2)$$

단순지지보가 굽힘모멘트 M_a 를 받는 경우 반력은 그림과 같고 처짐각은

$$\theta_a'' = \frac{M_a l}{3EI} , \ \theta_b'' = \frac{M_a l}{6EI}$$

단순지지보가 굽힘모멘트 M_b 를 받는 경우 반력은 그림과 같고 처짐각은

$$\theta_a''' = \frac{M_b l}{6EI} , \ \theta_b''' = \frac{M_b l}{3EI}$$

원 구조물의 양단은 고정지지 되었으므로 양단에서의 처짐각은 '0'을 적용하면

$$\theta_a = \theta_a' - \theta_a'' - \theta_a''' = \frac{M_o}{6EIl}(6al - 3a^2 - 2l^2) - \frac{M_a l}{3EI} - \frac{M_b l}{6EI} = 0$$

정리하면

$$2M_a + M_b = \frac{M_o}{l^2}(6al - 3a^2 - 2l^2)$$

$$\theta_b = \theta_b{}' + \theta_b{}'' + \theta_b{}''' = \frac{M_o}{6EIl}(l^2 - 3a^2) + \frac{M_a l}{6EI} + \frac{M_b l}{3EI} = 0$$

정리하면

$$M_a + 2M_b = -\frac{M_o}{l^2}(l^2 - 3a^2)$$

연립방정식의 해를 구하면

$$M_a = \frac{M_o}{l^2}(-l^2 + 4al - 3a^2)$$

$$M_b = \frac{M_o}{l^2}(3a^2 - 2al)$$

반력의 크기는

$$R_a = R_a{}' + R_a{}'' - R_a{}''' = \frac{M_o}{l} + \frac{M_a}{l} - \frac{M_b}{l}$$

위 식에 M_a, M_b 를 대입하여 정리하면

$$R_a = \frac{6M_o a}{l^3}(l - a)$$

$$R_b = -R_a = \frac{6M_o a}{l^3}(a - l)$$

12
Chapter

문12-1

$$I = \frac{\pi}{64}(D^4 - d^4) = 18.11\,cm^4 , \quad A = \frac{\pi}{4}(D^2 - d^2) = 7.07\,cm^2$$

$$k = \sqrt{\frac{I}{A}} = 1.60\,cm , \quad \lambda = \frac{l}{k} = \frac{200}{1.60} = 125$$

문12-2

$$I = \frac{a^4}{12} , \quad P_{cr} = \frac{\pi^2 EI}{l^2} = \frac{\pi^2 E a^4}{12\,l^2}$$

$$a^4 = \frac{12\,l^2 P}{\pi^2 E} = \frac{12 \times 4000^2 \times 1500}{\pi^2 \times 2.0 \times 10^4} = 1.46 \times 10^6 \; mm^4$$

$$a = 35\,mm$$

문12-3

양단 고정인 경우 $P_{cr} = \dfrac{4\pi^2 EI}{l^2}$

$SF = 5$ 를 고려하면 $P_a = \dfrac{P_{cr}}{5} = \dfrac{4\pi^2 EI}{5\,l^2} = P$

$I = \dfrac{\pi D^4}{64}$ 이므로

$$\frac{4\pi^2 E}{5\,l^2}\,\frac{\pi D^4}{64} = P$$

$$D^4 = \frac{80\,l^2 P}{\pi^3 E} = \frac{80 \times 3000^2 \times 1000}{\pi^3 \times 1.0 \times 10^4} = 2.322 \times 10^6 \; mm^4$$

$$D = 39\,mm$$

문12-4

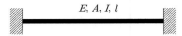

열팽창에 의한 압축하중은 $P = AE\alpha \Delta T$

좌굴하중은 $P_{cr} = \dfrac{4\pi^2 EI}{l^2}$

$P = P_{cr}$ 이 한계 조건이므로

$$\Delta T = \frac{4\pi^2 I}{\alpha A\,l^2}$$

찾아보기
INDEX

저자와의
협의에 의해
인지 생략

기초 **재료역학**

3판 3쇄	2025년 3월 17일

저 자   이시중
발행인   송광헌
발행처   도서출판 복두(더)
주 소   서울특별시 영등포구 경인로82길 3-4
　　　　센터플러스 807호　(우) 07371
전 화   02-2164-2580
 FAX   02-2164-2584
등 록   1993. 11. 22. 제 10-902 호

정가 : 25,000원
ISBN : 979-11-6675-248-3　93550

 한국과학기술출판협회 회원사